김동진 지음

일익일손

為學日益 : 위학일익
為道日損 : 위도일손

노자 '도덕경'

"배움을 따르면 매일 얻고
도를 따르면 매일 버린다."
⇒ 매일 새롭게 깨우치고
남은 것·쓸모 없는 것·오염
은 버리기!

수학 I·II
평가원 10개년 2013~2022
6·9·수능
킬러문항 총망라 총 94문제
전 문항 손풀이 제공

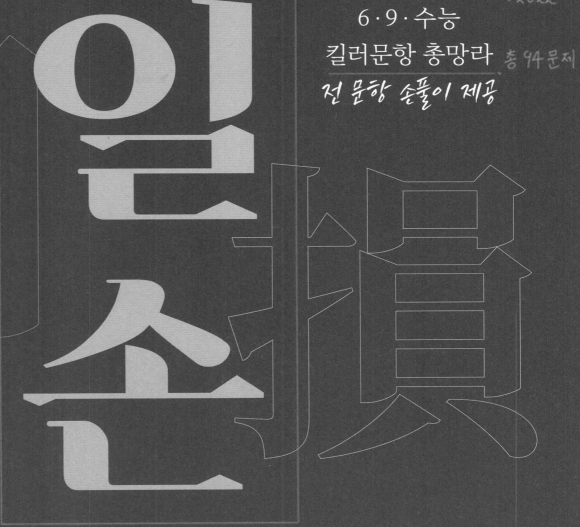

일익일손
日益日損

교재 소개 및 드리는 말씀

일익일손(日益日損)

1판 1쇄 발행 2022년 1월 14일

지은이 김동진

편집 홍새솔

펴낸곳 하움출판사
펴낸이 문현광

주소 전라북도 군산시 수송로 315 하움출판사
이메일 haum1000@naver.com **홈페이지** haum.kr

ISBN 979-11-6440-909-9 (53410)

좋은 책을 만들겠습니다.
하움출판사는 독자 여러분의 의견에 항상 귀 기울이고 있습니다.

	문제	해설
2022 대학수학능력시험	006	072
2022 9월 모의평가	008	074
2022 6월 모의평가	010	076
2021 대학수학능력시험	012	078
2021 9월 모의평가	014	080
2021 6월 모의평가	016	082
2020 대학수학능력시험	018	084
2020 9월 모의평가	020	086
2020 6월 모의평가	022	088
2019 대학수학능력시험	024	090
2019 9월 모의평가	026	092
2019 6월 모의평가	028	094
2018 대학수학능력시험	030	096
2018 9월 모의평가	032	098
2018 6월 모의평가	034	100
2017 대학수학능력시험	036	102
2017 9월 모의평가	038	104
2017 6월 모의평가	040	106
2016 대학수학능력시험	044	110
2016 9월 모의평가	046	112
2016 6월 모의평가	048	114
2015 대학수학능력시험	050	116
2015 9월 모의평가	052	118
2015 6월 모의평가	054	120
2014 대학수학능력시험	056	122
2014 9월 모의평가	058	124
2014 6월 모의평가	060	126
2013 대학수학능력시험	062	128
2013 9월 모의평가	064	130
2013 6월 모의평가	066	132

제2교시

수학 영역

성명		수험 번호						—				

14. 수직선 위를 움직이는 점 P의 시각 t에서의 위치 $x(t)$가 두 상수 a, b에 대하여

$$x(t) = t(t-1)(at+b) \quad (a \neq 0)$$

이다. 점 P의 시각 t에서의 속도 $v(t)$가 $\displaystyle\int_0^1 |v(t)|\,dt = 2$를 만족시킬 때, 〈보기〉에서 옳은 것만을 있는 대로 고른 것은? 〔4점〕

─────── 〈 보 기 〉 ───────

ㄱ. $\displaystyle\int_0^1 v(t)\,dt = 0$

ㄴ. $|x(t_1)| > 1$인 t_1이 열린구간 $(0, 1)$에 존재한다.

ㄷ. $0 \leq t \leq 1$인 모든 t에 대하여 $|x(t)| < 1$이면
　　$x(t_2) = 0$인 t_2가 열린구간 $(0, 1)$에 존재한다.

① ㄱ　　　　② ㄱ, ㄴ　　　　③ ㄱ, ㄷ
④ ㄴ, ㄷ　　　⑤ ㄱ, ㄴ, ㄷ

20. 실수 전체의 집합에서 미분가능한 함수 $f(x)$가 다음 조건을 만족시킨다.

(가) 닫힌구간 $[0, 1]$에서 $f(x) = x$이다.

(나) 어떤 상수 a, b에 대하여 구간 $[0, \infty)$에서
　　$f(x+1) - xf(x) = ax + b$이다.

$60 \times \displaystyle\int_1^2 f(x)\,dx$의 값을 구하시오. 〔4점〕

일익일손

21. 수열 $\{a_n\}$이 다음 조건을 만족시킨다.

(가) $|a_1| = 2$

(나) 모든 자연수 n에 대하여 $|a_{n+1}| = 2|a_n|$이다.

(다) $\displaystyle\sum_{n=1}^{10} a_n = -14$

$a_1 + a_3 + a_5 + a_7 + a_9$의 값을 구하시오. [4점]

22. 최고차항의 계수가 $\dfrac{1}{2}$인 삼차함수 $f(x)$와 실수 t에 대하여

방정식 $f'(x) = 0$이 닫힌구간 $[t, t+2]$에서 갖는 실근의 개수를 $g(t)$라 할 때, 함수 $g(t)$는 다음 조건을 만족시킨다.

(가) 모든 실수 a에 대하여 $\displaystyle\lim_{t \to a+} g(t) + \lim_{t \to a-} g(t) \leq 2$이다.

(나) $g(f(1)) = g(f(4)) = 2$, $g(f(0)) = 1$

$f(5)$의 값을 구하시오. [4점]

수학 영역

성명 [   ]   수험 번호 [| | | | |] — [| | | |]

---

15. 수열 $\{a_n\}$은 $|a_1| \leq 1$이고, 모든 자연수 n에 대하여

$$a_{n+1} = \begin{cases} -2a_n - 2 & \left(-1 \leq a_n < -\dfrac{1}{2}\right) \\ 2a_n & \left(-\dfrac{1}{2} \leq a_n \leq \dfrac{1}{2}\right) \\ -2a_n + 2 & \left(\dfrac{1}{2} < a_n \leq 1\right) \end{cases}$$

을 만족시킨다. $a_5 + a_6 = 0$이고 $\displaystyle\sum_{k=1}^{5} a_k > 0$이 되도록 하는 모든 a_1의 값의 합은? [4점]

① $\dfrac{9}{2}$ ② 5 ③ $\dfrac{11}{2}$ ④ 6 ⑤ $\dfrac{13}{2}$

---

20. 함수 $f(x) = \dfrac{1}{2}x^3 - \dfrac{9}{2}x^2 + 10x$에 대하여 x에 대한 방정식

$$f(x) + |f(x) + x| = 6x + k$$

의 서로 다른 실근의 개수가 4가 되도록 하는 모든 정수 k의 값의 합을 구하시오. [4점]

일익일촌

21. $a > 1$인 실수 a에 대하여 직선 $y = -x + 4$가 두 곡선

$$y = a^{x-1}, \quad y = \log_a(x-1)$$

과 만나는 점을 각각 A, B라 하고, 곡선 $y = a^{x-1}$이 y축과 만나는 점을 C라 하자. $\overline{AB} = 2\sqrt{2}$일 때, 삼각형 ABC의 넓이는 S이다. $50 \times S$의 값을 구하시오. 〔4점〕

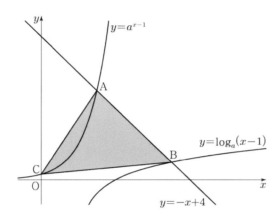

22. 최고차항의 계수가 1인 삼차함수 $f(x)$에 대하여 함수

$$g(x) = f(x-3) \times \lim_{h \to 0+} \frac{|f(x+h)| - |f(x-h)|}{h}$$

가 다음 조건을 만족시킬 때, $f(5)$의 값을 구하시오. 〔4점〕

(가) 함수 $g(x)$는 실수 전체의 집합에서 연속이다.

(나) 방정식 $g(x) = 0$은 서로 다른 네 실근 α_1, α_2, α_3, α_4를 갖고 $\alpha_1 + \alpha_2 + \alpha_3 + \alpha_4 = 7$이다.

성명 [ ] 수험 번호 [ ][ ][ ][ ][ ][ ] — [ ][ ][ ][ ]

15. $-1 \le t \le 1$인 실수 t에 대하여 x에 대한 방정식

$$\left(\sin\frac{\pi x}{2} - t\right)\left(\cos\frac{\pi x}{2} - t\right) = 0$$

의 실근 중에서 집합 $\{x \,|\, 0 \le x < 4\}$에 속하는 가장 작은 값을 $\alpha(t)$, 가장 큰 값을 $\beta(t)$라 하자. 〈보기〉에서 옳은 것만을 있는 대로 고른 것은? [4점]

〈보 기〉

ㄱ. $-1 \le t < 0$인 모든 실수 t에 대하여 $\alpha(t) + \beta(t) = 5$이다.

ㄴ. $\{t \,|\, \beta(t) - \alpha(t) = \beta(0) - \alpha(0)\} = \left\{t \,|\, 0 \le t \le \frac{\sqrt{2}}{2}\right\}$

ㄷ. $\alpha(t_1) = \alpha(t_2)$인 두 실수 t_1, t_2에 대하여 $t_2 - t_1 = \frac{1}{2}$이면 $t_1 \times t_2 = \frac{1}{3}$이다.

① ㄱ   ② ㄱ, ㄴ   ③ ㄱ, ㄷ
④ ㄴ, ㄷ   ⑤ ㄱ, ㄴ, ㄷ

21. 다음 조건을 만족시키는 최고차항의 계수가 1인 이차함수 $f(x)$가 존재하도록 하는 모든 자연수 n의 값의 합을 구하시오. [4점]

(가) x에 대한 방정식 $(x^n - 64)f(x) = 0$은 서로 다른 두 실근을 갖고, 각각의 실근은 중근이다.

(나) 함수 $f(x)$의 최솟값은 음의 정수이다.

22. 삼차함수 $f(x)$가 다음 조건을 만족시킨다.

> (가) 방정식 $f(x)=0$의 서로 다른 실근의 개수는 2이다.
> (나) 방정식 $f(x-f(x))=0$의 서로 다른 실근의 개수는 3이다.

$f(1)=4$, $f'(1)=1$, $f'(0)>1$일 때, $f(0)=\dfrac{q}{p}$이다. $p+q$의 값을 구하시오. (단, p와 q는 서로소인 자연수이다.) 〔4점〕

제 2 교시

수학 영역

가 형

| 성명 | | 수험 번호 | | | | | | | — | | | | |

(가형)

21. 수열 $\{a_n\}$은 $0 < a_1 < 1$이고, 모든 자연수 n에 대하여 다음 조건을 만족시킨다.

(가) $a_{2n} = a_2 \times a_n + 1$

(나) $a_{2n+1} = a_2 \times a_n - 2$

$a_8 - a_{15} = 63$일 때, $\dfrac{a_8}{a_1}$의 값은? [4점]

① 91   ② 92   ③ 93   ④ 94   ⑤ 95

(나형)

20. 실수 $a(a > 1)$에 대하여 함수 $f(x)$를

$$f(x) = (x+1)(x-1)(x-a)$$

라 하자. 함수

$$g(x) = x^2 \int_0^x f(t)dt - \int_0^x t^2 f(t)dt$$

가 오직 하나의 극값을 갖도록 하는 a의 최댓값은? [4점]

① $\dfrac{9\sqrt{2}}{8}$ ② $\dfrac{3\sqrt{6}}{4}$ ③ $\dfrac{3\sqrt{2}}{2}$ ④ $\sqrt{6}$ ⑤ $2\sqrt{2}$

수학 영역(가 형)

30. 함수 $f(x)$는 최고차항의 계수가 1인 삼차함수이고, 함수 $g(x)$는 일차함수이다. 함수 $h(x)$를

$$h(x) = \begin{cases} |f(x) - g(x)| & (x < 1) \\ f(x) + g(x) & (x \geq 1) \end{cases}$$

이라 하자. 함수 $h(x)$가 실수 전체의 집합에서 미분가능하고, $h(0) = 0$, $h(2) = 5$일 때, $h(4)$의 값을 구하시오. 〔4점〕

제 2 교시

수학 영역

가　형

성명　　　　수험 번호 □□□□□□□—□□□□

(가형)

21. 닫힌구간 $[-2\pi, 2\pi]$에서 정의된 두 함수

$$f(x) = \sin kx + 2, \ g(x) = 3\cos 12x$$

에 대하여 다음 조건을 만족시키는 자연수 k의 개수는? 〔4점〕

> 실수 a가 두 곡선 $y = f(x)$, $y = g(x)$의 교점의 y좌표이면
> $$\{x \mid f(x) = a\} \subset \{x \mid g(x) = a\}$$
> 이다.

① 3　　② 4　　③ 5　　④ 6　　⑤ 7

(나형)

20. 실수 전체의 집합에서 연속인 두 함수 $f(x)$, $g(x)$가 모든 실수 x에 대하여 다음 조건을 만족시킨다.

> (가) $f(x) \geq g(x)$
> (나) $f(x) + g(x) = x^2 + 3x$
> (다) $f(x)g(x) = (x^2 + 1)(3x - 1)$

$\displaystyle\int_0^2 f(x)dx$의 값은? 〔4점〕

① $\dfrac{23}{6}$　　② $\dfrac{13}{3}$　　③ $\dfrac{29}{6}$　　④ $\dfrac{16}{3}$　　⑤ $\dfrac{35}{6}$

(나형)

21. 수열 $\{a_n\}$은 모든 자연수 n에 대하여

$$a_{n+2} = \begin{cases} 2a_n + a_{n+1} & (a_n \le a_{n+1}) \\ a_n + a_{n+1} & (a_n > a_{n+1}) \end{cases}$$

을 만족시킨다. $a_3 = 2$, $a_6 = 19$가 되도록 하는 모든 a_1의 값의 합은? 〔4점〕

① $-\dfrac{1}{2}$ ② $-\dfrac{1}{4}$ ③ 0 ④ $\dfrac{1}{4}$ ⑤ $\dfrac{1}{2}$

(나형)

30. 삼차함수 $f(x)$가 다음 조건을 만족시킨다.

(가) $f(1) = f(3) = 0$

(나) 집합 $\{x \,|\, x \ge 1$이고 $f'(x) = 0\}$의 원소의 개수는 1이다.

상수 a에 대하여 함수 $g(x) = |f(x)f(a-x)|$가 실수 전체의 집합에서 미분가능할 때, $\dfrac{g(4a)}{f(0) \times f(4a)}$의 값을 구하시오. 〔4점〕

제 2 교시

수학 영역

가 형

성명 ⬜⬜⬜⬜ 수험 번호 ⬜⬜⬜⬜⬜⬜ — ⬜⬜⬜⬜

(가형)

21. 수열 $\{a_n\}$의 일반항은

$$a_n = \log_2 \sqrt{\frac{2(n+1)}{n+2}}$$

이다. $\sum\limits_{k=1}^{m} a_k$의 값이 100 이하의 자연수가 되도록 하는

모든 자연수 m의 값의 합은? [4점]

① 150   ② 154   ③ 158   ④ 162   ⑤ 166

(나형)

21. 두 곡선 $y = 2^x$과 $y = -2x^2 + 2$가 만나는 두 점을 (x_1, y_1), (x_2, y_2)라 하자. $x_1 < x_2$일 때, <보기>에서 옳은 것만을 있는 대로 고른 것은? [4점]

<보 기>

ㄱ. $x_2 > \dfrac{1}{2}$

ㄴ. $y_2 - y_1 < x_2 - x_1$

ㄷ. $\dfrac{\sqrt{2}}{2} < y_1 y_2 < 1$

① ㄱ   ② ㄱ, ㄴ   ③ ㄱ, ㄷ
④ ㄴ, ㄷ   ⑤ ㄱ, ㄴ, ㄷ

1 / 2

일익일손

(나형)

30. 이차함수 $f(x)$는 $x=-1$에서 극대이고,
삼차함수 $g(x)$는 이차항의 계수가 0이다. 함수

$$h(x) = \begin{cases} f(x) & (x \le 0) \\ g(x) & (x > 0) \end{cases}$$

이 실수 전체의 집합에서 미분가능하고 다음 조건을 만족시킬 때,
$h'(-3)+h'(4)$의 값을 구하시오. 〔4점〕

> (가) 방정식 $h(x)=h(0)$의 모든 실근의 합은 1이다.
> (나) 닫힌구간 $[-2.3]$에서 함수 $h(x)$의 최댓값과 최솟값의
> 차는 $3+4\sqrt{3}$ 이다.

(나형)

20. 함수

$$f(x) = \begin{cases} -x & (x \le 0) \\ x-1 & (0 < x \le 2) \\ 2x-3 & (x > 2) \end{cases}$$

와 상수가 아닌 다항식 $p(x)$에 대하여 〈보기〉에서 옳은 것만을 있는 대로 고른 것은? [4점]

─────〈 보 기 〉─────

ㄱ. 함수 $p(x)f(x)$가 실수 전체의 집합에서 연속이면 $p(0) = 0$이다.

ㄴ. 함수 $p(x)f(x)$가 실수 전체의 집합에서 미분가능하면 $p(2) = 0$이다.

ㄷ. 함수 $p(x)\{f(x)\}^2$이 실수 전체의 집합에서 미분가능하면 $p(x)$는 $x^2(x-2)^2$으로 나누어떨어진다.

① ㄱ ② ㄱ, ㄴ ③ ㄱ, ㄷ
④ ㄴ, ㄷ ⑤ ㄱ, ㄴ, ㄷ

(나형)

21. 수열 $\{a_n\}$이 모든 자연수 n에 대하여 다음 조건을 만족시킨다.

(가) $a_{2n} = a_n - 1$

(나) $a_{2n+1} = 2a_n + 1$

$a_{20} = 1$일 때, $\displaystyle\sum_{n=1}^{63} a_n$의 값은? [4점]

① 704 ② 712 ③ 720 ④ 728 ⑤ 736

일익일손

(나형)

30. 최고차항의 계수가 양수인 삼차함수 $f(x)$가 다음 조건을
만족시킨다.

> (가) 방정식 $f(x) - x = 0$의 서로 다른 실근의 개수는 2이다.
> (나) 방정식 $f(x) + x = 0$의 서로 다른 실근의 개수는 2이다.

$f(0) = 0$, $f'(1) = 1$일 때, $f(3)$의 값을 구하시오. 〔4점〕

제 2 교시

수학 영역

가 형

성명 ☐ 수험 번호 ☐☐☐☐☐☐ ─ ☐☐☐☐

(나형)

21. 함수 $f(x) = x^3 + x^2 + ax + b$에 대하여 함수 $g(x)$를

$$g(x) = f(x) + (x-1)f'(x)$$

라 하자. 〈보기〉에서 옳은 것만을 있는 대로 고른 것은?
(단, a, b는 상수이다.) 〔4점〕

――――――――――― 〈 보 기 〉 ―――――――――――

ㄱ. 함수 $h(x)$가 $h(x) = (x-1)f(x)$이면 $h'(x) = g(x)$이다.

ㄴ. 함수 $f(x)$가 $x = -1$에서 극값 0을 가지면
$$\int_0^1 g(x)dx = -1$$이다.

ㄷ. $f(0) = 0$이면 방정식 $g(x) = 0$은 열린 구간 $(0, 1)$에서
적어도 하나의 실근을 갖는다.

① ㄱ   ② ㄱ, ㄴ   ③ ㄱ, ㄴ
④ ㄱ, ㄷ   ⑤ ㄱ, ㄴ, ㄷ

(나형)

30. 최고차항의 계수가 1인 사차함수 $f(x)$에 대하여
네 개의 수 $f(-1)$, $f(0)$, $f(1)$, $f(2)$가 이 순서대로
등차수열을 이루고, 곡선 $y = f(x)$ 위의 점 $(-1, f(-1))$에서의
접선과 점 $(2, f(2))$에서의 접선이 점 $(k, 0)$에서 만난다.
$f(2k) = 20$일 때, $f(4k)$의 값을 구하시오. (단, k는 상수이다.)
〔4점〕

1 / 1

수학 영역

가　형

성명 ☐　수험 번호 ☐☐☐☐☐☐☐—☐☐☐☐

(나형)

18. 최고차항의 계수가 1인 삼차함수 $f(x)$에 대하여 함수 $g(x)$는

$$g(x) = \begin{cases} \dfrac{1}{2} & (x < 0) \\ f(x) & (x \geq 0) \end{cases}$$

이다. $g(x)$가 실수 전체의 집합에서 미분가능하고 $g(x)$의 최솟값이 $\dfrac{1}{2}$보다 작을 때, <보기>에서 옳은 것만을 있는 대로 고른 것은? 〔4점〕

─── 〈보 기〉 ───

ㄱ. $g(0) + g'(0) = \dfrac{1}{2}$

ㄴ. $g(1) < \dfrac{3}{2}$

ㄷ. 함수 $g(x)$의 최솟값이 0일 때, $g(2) = \dfrac{5}{2}$ 이다.

① ㄱ　　　　② ㄱ, ㄴ　　　　③ ㄱ, ㄷ
④ ㄴ, ㄷ　　　⑤ ㄱ, ㄴ, ㄷ

(나형)

20. 다음 조건을 만족시키는 모든 다항함수 $f(x)$에 대하여 $f(1)$의 최댓값은? 〔4점〕

$$\lim_{x \to \infty} \frac{f(x) - 4x^3 + 3x^2}{x^{n+1} + 1} = 6, \ \lim_{x \to 0} \frac{f(x)}{x^n} = 4$$인 자연수 n이 존재한다.

① 12　　② 13　　③ 14　　④ 15　　⑤ 16

일익일손

(나형)

30. 최고차항의 계수가 1이고 $f(2)=3$인 삼차함수 $f(x)$에 대하여
    함수

$$g(x) = \begin{cases} \dfrac{ax-9}{x-1} & (x < 1) \\[2mm] f(x) & (x \geq 1) \end{cases}$$

이 다음 조건을 만족시킨다.

함수 $y=g(x)$의 그래프와 직선 $y=t$가

서로 다른 두 점에서만 만나도록 하는 모든 실수 t의

값의 집합은 $\{t \mid t = -1 \text{ 또는 } t \geq 3\}$이다.

$(g \circ g)(-1)$의 값을 구하시오. (단, a는 상수이다.) 〔4점〕

수학 영역

(나형)

21. 최고차항의 계수가 1인 삼차함수 $f(x)$에 대하여 실수 전체의 집합에서 연속인 함수 $g(x)$가 다음 조건을 만족시킨다.

> (가) 모든 실수 x에 대하여 $f(x)g(x) = x(x+3)$이다.
>
> (나) $g(0) = 1$

$f(1)$이 자연수일 때, $g(2)$의 최솟값은? [4점]

① $\dfrac{5}{13}$ ② $\dfrac{5}{14}$ ③ $\dfrac{1}{3}$ ④ $\dfrac{5}{16}$ ⑤ $\dfrac{5}{17}$

(나형)

29. 첫째항이 자연수이고 공차가 음의 정수인 등차수열 $\{a_n\}$과 첫째항이 자연수이고 공비가 음의 정수인 등비수열 $\{b_n\}$이 다음 조건을 만족시킬 때, $a_7 + b_7$의 값을 구하시오. [4점]

> (가) $\displaystyle\sum_{n=1}^{5} (a_n + b_n) = 27$
>
> (나) $\displaystyle\sum_{n=1}^{5} (a_n + |b_n|) = 67$
>
> (다) $\displaystyle\sum_{n=1}^{5} (|a_n| + |b_n|) = 81$

(나형)

30. 최고차항의 계수가 1인 삼차함수 $f(x)$와 최고차항의 계수가 -1인 이차함수 $g(x)$가 다음 조건을 만족시킨다.

(가) 곡선 $y = f(x)$ 위의 점 $(0, 0)$에서의 접선과 곡선 $y = g(x)$ 위의 점 $(2, 0)$에서의 접선은 모두 x축이다.

(나) 점 $(2, 0)$에서 곡선 $y = f(x)$에 그은 접선의 개수는 2이다.

(다) 방정식 $f(x) = g(x)$는 오직 하나의 실근을 가진다.

$x > 0$인 모든 실수 x에 대하여

$$g(x) \le kx - 2 \le f(x)$$

를 만족시키는 실수 k의 최댓값과 최솟값을 각각 α, β라 할 때, $\alpha - \beta = a + b\sqrt{2}$ 이다. $a^2 + b^2$의 값을 구하시오. (단, a, b는 유리수이다.) 〔4점〕

수학 영역

가 형   성명   수험번호

(나형)

21. 사차함수 $f(x) = x^4 + ax^2 + b$에 대하여 $x \geq 0$에서 정의된 함수

$$g(x) = \int_{-x}^{2x} \{f(t) - |f(t)|\} \, dt$$

가 다음 조건을 만족시킨다.

(가) $0 < x < 1$에서 $g(x) = c_1$ (c_1은 상수)

(나) $1 < x < 5$에서 $g(x)$는 감소한다.

(다) $x > 5$에서 $g(x) = c_2$ (c_2는 상수)

$f(\sqrt{2})$의 값은? (단, a, b는 상수이다.) [4점]

① 40   ② 42   ③ 44   ④ 46   ⑤ 48

(나형)

29. 좌표평면에서 그림과 같이 길이가 1인 선분이 수직으로 만나도록 연결된 경로가 있다. 이 경로를 따라 원점에서 멀어지도록 움직이는 점 P의 위치를 나타내는 점 A_n을 다음과 같은 규칙으로 정한다.

(i) A_0은 원점이다.

(ii) n이 자연수일 때, A_n은 점 A_{n-1}에서 점 P가 경로를 따라 $\dfrac{2n-1}{25}$만큼 이동한 위치에 있는 점이다.

예를 들어, 점 A_2와 A_6의 좌표는 각각 $\left(\dfrac{4}{25}, 0\right)$, $\left(1, \dfrac{11}{25}\right)$

이다. 자연수 n에 대하여 점 A_n 중 직선 $y = x$ 위에 있는 점을 원점에서 가까운 순서대로 나열할 때, 두 번째 점의 x좌표를 a라 하자. a의 값을 구하시오. [4점]

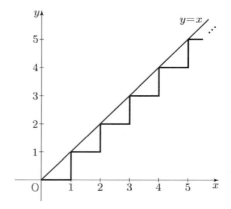

일익일손

(나형)

30. 최고차항의 계수가 양수인 삼차함수 $f(x)$에 대하여 방정식

$$(f \circ f)(x) = x$$

의 모든 실근이 $0, 1, a, 2, b$이다.

$$f'(1) < 0, \ f'(2) < 0, \ f'(0) - f'(1) = 6$$

일 때, $f(5)$의 값을 구하시오. (단, $1 < a < 2 < b$) [4점]

제 2 교시

수학 영역

가 형

성명 [ ]   수험 번호 [ ][ ][ ][ ][ ] ─ [ ][ ][ ][ ]

(나형)

21. 상수 a, b에 대하여 삼차함수 $f(x) = x^3 + ax^2 + bx$가 다음 조건을 만족시킨다.

> (가) $f(-1) > -1$
> (나) $f(1) - f(-1) > 8$

〈보기〉에서 옳은 것만을 있는 대로 고른 것은? 〔4점〕

───── 〈 보 기 〉 ─────

ㄱ. 방정식 $f'(x) = 0$은 서로 다른 두 실근을 갖는다.

ㄴ. $-1 < x < 1$일 때, $f'(x) \geq 0$이다.

ㄷ. 방정식 $f(x) - f'(k)x = 0$의 서로 다른 실근의 개수가 2가 되도록 하는 모든 실수 k의 개수는 4이다.

① ㄱ   ② ㄱ, ㄴ   ③ ㄱ, ㄷ
④ ㄴ, ㄷ   ⑤ ㄱ, ㄴ, ㄷ

(나형)

29. 함수

$$f(x) = \begin{cases} ax + b & (x < 1) \\ cx^2 + \dfrac{5}{2}x & (x \geq 1) \end{cases}$$

이 실수 전체의 집합에서 연속이고 역함수를 갖는다. 함수 $y = f(x)$의 그래프와 역함수 $y = f^{-1}(x)$의 그래프의 교점의 개수가 3이고, 그 교점의 x좌표가 각각 -1, 1, 2일 때, $2a + 4b - 10c$의 값을 구하시오. (단, a, b, c는 상수이다.) 〔4점〕

(나형)

30. 사차함수 $f(x)$가 다음 조건을 만족시킨다.

> (가) 5 이하의 모든 자연수 n에 대하여
>
> $$\sum_{k=1}^{n} f(k) = f(n)f(n+1)$$이다.
>
> (나) $n=3$, 4일 때, 함수 $f(x)$에서 x의 값이 n에서
> $n+2$까지 변할 때의 평균변화율은 <u>양수가 아니다.</u>

$128 \times f\left(\dfrac{5}{2}\right)$의 값을 구하시오. 〔4점〕

가 형

성명 □□□□ 수험 번호 □□□□□□ — □□□□

(나형)

20. 최고차항의 계수가 1인 사차함수 $f(x)$가 다음 조건을 만족시킨다.

(가) $f'(0)=0$, $f'(2)=16$

(나) 어떤 양수 k에 대하여 두 열린 구간 $(-\infty, 0)$, $(0, k)$에서 $f'(x)<0$이다.

〈보기〉에서 옳은 것만을 있는 대로 고른 것은? [4점]

─── 〈보 기〉 ───

ㄱ. 방정식 $f'(x)=0$은 열린 구간 $(0,2)$에서 한 개의 실근을 갖는다.

ㄴ. 함수 $f(x)$는 극댓값을 갖는다.

ㄷ. $f(0)=0$이면, 모든 실수 x에 대하여 $f(x) \geq -\dfrac{1}{3}$이다.

① ㄱ   ② ㄴ   ③ ㄱ, ㄷ
④ ㄴ, ㄷ   ⑤ ㄱ, ㄴ, ㄷ

(나형)

29. 두 실수 a와 k에 대하여 두 함수 $f(x)$와 $g(x)$는

$$f(x) = \begin{cases} 0 & (x \leq a) \\ (x-1)^2(2x+1) & (x > a) \end{cases}$$

$$g(x) = \begin{cases} 0 & (x \leq k) \\ 12(x-k) & (x > k) \end{cases}$$

이고, 다음 조건을 만족시킨다.

(가) 함수 $f(x)$는 실수 전체의 집합에서 미분가능하다.

(나) 모든 실수 x에 대하여 $f(x) \geq g(x)$이다.

k의 최솟값이 $\dfrac{q}{p}$일 때, $a+p+q$의 값을 구하시오. [4점]

제2교시

수학 영역

가 형

성명

수험번호

(나형)

20. 삼차함수 $f(x)$와 실수 t에 대하여 곡선 $y=f(x)$와 직선 $y=-x+t$의 교점의 개수를 $g(t)$라 하자. 〈보기〉에서 옳은 것만을 있는 대로 고른 것은? [4점]

――――――― 〈보 기〉 ―――――――

ㄱ. $f(x)=x^3$이면 함수 $g(t)$는 상수함수이다.

ㄴ. 삼차함수 $f(x)$에 대하여, $g(1)=2$이면 $g(t)=3$인 t가 존재한다.

ㄷ. 함수 $g(t)$가 상수함수이면, 삼차함수 $f(x)$의 극값은 존재하지 않는다.

―――――――――――――――――――――

① ㄱ   ② ㄷ   ③ ㄱ, ㄴ

④ ㄴ, ㄷ   ⑤ ㄱ, ㄴ, ㄷ

(나형)

29. 두 삼차함수 $f(x)$와 $g(x)$가 모든 실수 x에 대하여

$$f(x)g(x)=(x-1)^2(x-2)^2(x-3)^2$$

을 만족시킨다. $g(x)$의 최고차항의 계수가 3이고, $g(x)$가 $x=2$에서 극댓값을 가질 때, $f'(0)=\dfrac{q}{p}$이다. $p+q$의 값을 구하시오. (단, p와 q는 서로소인 자연수이다.) [4점]

(나형)

30. 두 함수 $f(x)$와 $g(x)$가

$$f(x) = \begin{cases} 0 & (x \le 0) \\ x & (x > 0) \end{cases}, \quad g(x) = \begin{cases} -x(x-2) & (|x-1| \le 1) \\ 0 & (|x-1| > 1) \end{cases}$$

이다. 양의 실수 k, a, b $(a < b < 2)$에 대하여, 함수 $h(x)$를

$$h(x) = k\{f(x) - f(x-a) - f(x-b) + f(x-2)\}$$

라 정의하자. 모든 실수 x에 대하여 $0 \le h(x) \le g(x)$일 때,
$\displaystyle\int_0^2 \{g(x) - h(x)\}dx$의 값이 최소가 되게 하는 k, a, b에
대하여 $60(k+a+b)$의 값을 구하시오. [4점]

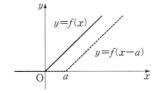 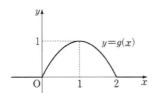

제2교시

수학 영역

가   형

| 성명 | | 수험 번호 | | | | | | — | | | |

(나형)

20. 함수

$$f(x) = \frac{1}{3}x^3 - kx^2 + 1 \ (k > 0\text{인 상수})$$

의 그래프 위의 서로 다른 두 점 A, B에서의 접선 l, m의 기울기가 모두 $3k^2$이다. 곡선 $y = f(x)$에 접하고 x축에 평행한 두 직선과 접선 l, m으로 둘러싸인 도형의 넓이가 24일 때, k의 값은? 〔4점〕

① $\frac{1}{2}$ ② 1 ③ $\frac{3}{2}$ ④ 2 ⑤ $\frac{5}{2}$

(나형)

29. 공차가 0이 아닌 등차수열 $\{a_n\}$이 있다. 수열 $\{b_n\}$은

$$b_1 = a_1$$

이고, 2 이상의 자연수 n에 대하여

$$b_n = \begin{cases} b_{n-1} + a_n & (n\text{이 }3\text{의 배수가 아닌 경우}) \\ b_{n-1} - a_n & (n\text{이 }3\text{의 배수인 경우}) \end{cases}$$

이다. $b_{10} = a_{10}$일 때, $\dfrac{b_8}{b_{10}} = \dfrac{q}{p}$이다. $p+q$의 값을 구하시오. (단, p와 q는 서로소인 자연수이다.) 〔4점〕

1 / 2

(나형)

30. 최고차항의 계수가 1인 삼차함수 $f(x)$와 최고차항의
계수가 2인 이차함수 $g(x)$가 다음 조건을 만족시킨다.

> (가) $f(\alpha) = g(\alpha)$이고 $f'(\alpha) = g'(\alpha) = -16$인 실수 α가
> 존재한다.
>
> (나) $f'(\beta) = g'(\beta) = 16$인 실수 β가 존재한다.

$g(\beta+1) - f(\beta+1)$의 값을 구하시오. [4점]

수학 영역

제 2 교시

가 형

성명 [　　　　] 수험 번호 [　｜　｜　｜　｜　｜　｜ — ｜　｜　｜　]

(나형)

20. 최고차항의 계수가 양수인 삼차함수 $f(x)$가 다음 조건을 만족시킨다.

> (가) 함수 $f(x)$는 $x=0$에서 극댓값, $x=k$에서 극솟값을 가진다. (단, k는 상수이다.)
> (나) 1보다 큰 모든 실수 t에 대하여
> $$\int_0^t |f'(x)|dx = f(t) + f(0)$$
> 이다.

〈보기〉에서 옳은 것만을 있는 대로 고른 것은? 〔4점〕

─────── 〈보 기〉 ───────

ㄱ. $\int_0^k f'(x)dx < 0$

ㄴ. $0 < k \le 1$

ㄷ. 함수 $f(x)$의 극솟값은 0이다.

① ㄱ ② ㄷ ③ ㄱ, ㄴ ④ ㄴ, ㄷ ⑤ ㄱ, ㄴ, ㄷ

(나형)

21. 좌표평면에서 함수

$$f(x)=\begin{cases} -x+10 & (x<10) \\ (x-10)^2 & (x \ge 10) \end{cases}$$

과 자연수 n에 대하여 점 $(n, f(n))$을 중심으로 하고 반지름의 길이가 3인 원 O_n이 있다. x좌표와 y좌표가 모두 정수인 점 중에서 원 O_n의 내부에 있고 함수 $y=f(x)$의 그래프의 아랫부분에 있는 모든 점의 개수를 A_n, 원 O_n의 내부에 있고 함수 $y=f(x)$의 그래프의 윗부분에 있는 모든 점의 개수를 B_n이라 하자. $\sum_{n=1}^{20}(A_n - B_n)$의 값은? 〔4점〕

① 19 ② 21 ③ 23 ④ 25 ⑤ 27

(나형)

30. 실수 k에 대하여 함수 $f(x) = x^3 - 3x^2 + 6x + k$의 역함수를 $g(x)$라 하자. 방정식 $4f'(x) + 12x - 18 = (f' \circ g)(x)$가 닫힌 구간 $[0, 1]$에서 실근을 갖기 위한 k의 최솟값을 m, 최댓값을 M이라 할 때, $m^2 + M^2$의 값을 구하시오. 〔4점〕

수학 영역

제 2 교시

가 형

성명 ☐ 수험 번호 ☐☐☐☐☐☐ — ☐☐☐☐

(나형)

20. 삼차함수 $f(x)$가 다음 조건을 만족시킨다.

> (가) $x = -2$에서 극댓값을 갖는다.
> (나) $f'(-3) = f'(3)$

〈보기〉에서 옳은 것만을 있는 대로 고른 것은? 〔4점〕

> ――――――― 〈 보 기 〉 ―――――――
>
> ㄱ. 도함수 $f'(x)$는 $x = 0$에서 최솟값을 갖는다.
> ㄴ. 방정식 $f(x) = f(2)$는 서로 다른 두 실근을 갖는다.
> ㄷ. 곡선 $y = f(x)$ 위의 점 $(-1, f(-1))$에서의 접선은
> 점 $(2, f(2))$를 지난다.

① ㄱ ② ㄷ ③ ㄱ, ㄴ
④ ㄴ, ㄷ ⑤ ㄱ, ㄴ, ㄷ

(나형)

21. 다음 조건을 만족시키며 최고차항의 계수가 음수인 모든 사차함수 $f(x)$에 대하여 $f(1)$의 최댓값은? 〔4점〕

> (가) 방정식 $f(x) = 0$의 실근은 0, 2, 3뿐이다.
> (나) 실수 x에 대하여 $f(x)$와 $|x(x-2)(x-3)|$ 중
> 크지 않은 값을 $g(x)$라 할 때, 함수 $g(x)$는 실수
> 전체의 집합에서 미분가능하다.

① $\dfrac{7}{6}$ ② $\dfrac{4}{3}$ ③ $\dfrac{3}{2}$ ④ $\dfrac{5}{3}$ ⑤ $\dfrac{11}{6}$

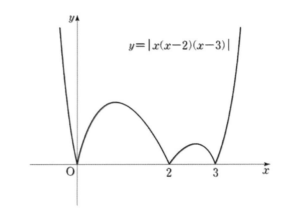

일익일손

(나형)

29. 구간 $[0, 8]$에서 정의된 함수 $f(x)$는

$$f(x) = \begin{cases} -x(x-4) & (0 \leq x < 4) \\ x-4 & (4 \leq x \leq 8) \end{cases}$$

이다. 실수 $a(0 \leq a \leq 4)$에 대하여 $\int_a^{a+4} f(x)dx$의 최솟값은

$\dfrac{q}{p}$이다. $p+q$의 값을 구하시오. (단, p와 q는 서로소인

자연수이다.) 〔4점〕

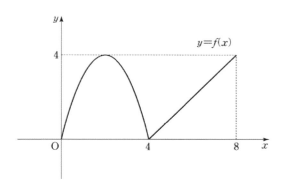

(나형)

30. 좌표평면에서 자연수 n에 대하여 영역

$$\left\{ (x, y) \,\middle|\, 0 \leq x \leq n, \; 0 \leq y \leq \frac{\sqrt{x+3}}{2} \right\}$$

에 포함되는 정사각형 중에서 다음 조건을 만족시키는 모든
정사각형의 개수를 $f(n)$이라 하자.

(가) 각 꼭짓점의 x좌표, y좌표가 모두 정수이다.

(나) 한 변의 길이가 $\sqrt{5}$ 이하이다.

예를 들어 $f(14) = 15$이다. $f(n) \leq 400$을 만족시키는
자연수 n의 최댓값을 구하시오. 〔4점〕

제2교시

수학 영역

가 형   성명 ☐   수험 번호 ☐☐☐☐☐☐ — ☐☐☐☐

(나형)

18. 삼차함수 $y=f(x)$와 일차함수 $y=g(x)$의 그래프가 그림과 같고, $f'(b)=f'(d)=0$이다.

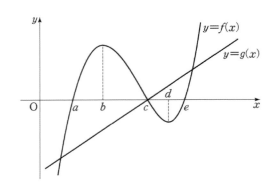

함수 $y=f(x)g(x)$는 $x=p$와 $x=q$에서 극소이다. 다음 중 옳은 것은? (단, $p<q$) 〔4점〕

① $a<p<b$이고 $c<q<d$
② $a<p<b$이고 $d<q<e$
③ $b<p<c$이고 $c<q<d$
④ $b<p<c$이고 $d<q<e$
⑤ $c<p<d$이고 $d<q<e$

(나형)

20. 첫째항이 a인 수열 $\{a_n\}$은 모든 자연수 n에 대하여

$$a_{n+1}=\begin{cases} a_n+(-1)^n\times 2 & (n\text{이 3의 배수가 아닌 경우}) \\ a_n+1 & (n\text{이 3의 배수인 경우}) \end{cases}$$

를 만족시킨다. $a_{15}=43$일 때, a의 값은? 〔4점〕

① 35   ② 36   ③ 37   ④ 38   ⑤ 39

$\frac{1}{3}$

(나형)

21. 삼차함수 $f(x)$의 도함수 $y=f'(x)$의 그래프가 그림과 같을 때, 〈보기〉에서 옳은 것만을 있는 대로 고른 것은? 〔4점〕

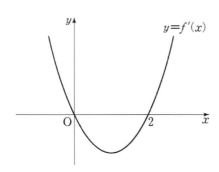

〈보 기〉

ㄱ. $f(0)<0$이면 $|f(0)|<|f(2)|$이다.

ㄴ. $f(0)f(2)\geq 0$이면 함수 $|f(x)|$가 $x=a$에서 극소인 a의 값의 개수는 2이다.

ㄷ. $f(0)+f(2)=0$이면 방정식 $|f(x)|=f(0)$의 서로 다른 실근의 개수는 4이다.

① ㄱ   ② ㄱ, ㄴ   ③ ㄱ, ㄷ
④ ㄴ, ㄷ   ⑤ ㄱ, ㄴ, ㄷ

(나형)

29. 함수 $f(x)$는

$$f(x)=\begin{cases} x+1 & (x<1) \\ -2x+4 & (x\geq 1) \end{cases}$$

이고, 좌표평면 위에 두 점 $A(-1,-1)$, $B(1,2)$가 있다. 실수 x에 대하여 점 $(x,f(x))$에서 점 A까지의 거리의 제곱과 점 B까지의 거리의 제곱 중 크지 않은 값을 $g(x)$라 하자. 함수 $g(x)$가 $x=a$에서 미분가능하지 않은 모든 a의 값의 합이 p일 때, $80p$의 값을 구하시오. 〔4점〕

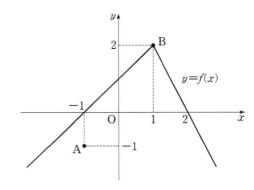

(나형)

30. 다음 조건을 만족시키는 20 이하의 모든 자연수 n의 값의 합을 구하시오. [4점]

> $\log_2(na-a^2)$과 $\log_2(nb-b^2)$은 같은 자연수이고
>
> $0 < b-a \le \dfrac{n}{2}$인 두 실수 a, b가 존재한다.

일익일손

수학 영역

가 형

성명 □　　수험 번호 □□□□□□ — □□□□

(A형)

21. 다음 조건을 만족시키는 모든 삼차함수 $f(x)$에 대하여 $\dfrac{f'(0)}{f(0)}$의 최댓값을 M, 최솟값을 m이라 하자. Mm의 값은? 〔4점〕

> (가) 함수 $|f(x)|$는 $x = -1$에서만 미분가능하지 않다.
>
> (나) 방정식 $f(x) = 0$은 닫힌구간 $[3, 5]$에서 적어도 하나의 실근을 갖는다.

① $\dfrac{1}{15}$　　② $\dfrac{1}{10}$　　③ $\dfrac{2}{15}$　　④ $\dfrac{1}{6}$　　⑤ $\dfrac{1}{5}$

(A형)

28. 두 다항함수 $f(x)$, $g(x)$가 다음 조건을 만족시킨다.

> (가) $g(x) = x^3 f(x) - 7$
>
> (나) $\displaystyle\lim_{x \to 2} \dfrac{f(x) - g(x)}{x - 2} = 2$

곡선 $y = g(x)$ 위의 점 $(2, g(2))$에서의 접선의 방정식이 $y = ax + b$일 때, $a^2 + b^2$의 값을 구하시오.
(단, a, b는 상수이다.) 〔4점〕

일익일손

(B형)

30. 실수 전체의 집합에서 연속인 함수 $f(x)$가 다음 조건을 만족시킨다.

> (가) $x \leq b$일 때, $f(x) = a(x-b)^2 + c$이다. (단, a, b, c는 상수이다.)
>
> (나) 모든 실수 x에 대하여 $f(x) = \displaystyle\int_0^x \sqrt{4 - 2f(t)}\, dt$이다.

$\displaystyle\int_0^6 f(x)\,dx = \dfrac{q}{p}$일 때, $p+q$의 값을 구하시오.

(단, p와 q는 서로소인 자연수이다.) 〔4점〕

수학 영역

제 2 교시

가 형   성명 [   ]   수험 번호 [| | | | | — | | | |]

(A형)

21. 실수 t에 대하여 직선 $x = t$가 두 함수

$$y = x^4 - 4x^3 + 10x - 30, \quad y = 2x + 2$$

의 그래프와 만나는 점을 각각 A, B라 할 때, 점 A와 점 B 사이의 거리를 $f(t)$라 하자.

$$\lim_{h \to 0+} \frac{f(t+h) - f(t)}{h} \times \lim_{h \to 0-} \frac{f(t+h) - f(t)}{h} \leq 0$$

을 만족시키는 모든 실수 t의 값의 합은? [4점]

① -7 ② -3 ③ 1 ④ 5 ⑤ 9

(B형)

21. 함수 $f(x)$를

$$f(x) = \begin{cases} |\sin x| - \sin x & \left(-\dfrac{7}{2}\pi \leq x < 0\right) \\ \sin x - |\sin x| & \left(0 \leq x \leq \dfrac{7}{2}\pi\right) \end{cases}$$

라 하자. 닫힌 구간 $\left[-\dfrac{7}{2}\pi, \dfrac{7}{2}\pi\right]$에 속하는 모든 실수 x에 대하여 $\displaystyle\int_a^x f(t)dt \geq 0$이 되도록 하는 실수 a의 최솟값을 α, 최댓값을 β라 할 때, $\beta - \alpha$의 값은? (단, $-\dfrac{7}{2}\pi \leq \alpha \leq \dfrac{7}{2}\pi$)

[4점]

① $\dfrac{\pi}{2}$ ② $\dfrac{3}{2}\pi$ ③ $\dfrac{5}{2}\pi$ ④ $\dfrac{7}{2}\pi$ ⑤ $\dfrac{9}{2}\pi$

수학 영역

제 2 교시

가 형

성명 [　　　] 수험 번호 [　｜　｜　｜　｜　｜　—　｜　｜　｜　｜　]

(A형)

21. 자연수 n에 대하여 최고차항의 계수가 1이고 다음 조건을 만족시키는 삼차함수 $f(x)$의 극댓값을 a_n이라 하자.

(가) $f(n) = 0$

(나) 모든 실수 x에 대하여 $(x+n)f(x) \geq 0$이다.

---

a_n이 자연수가 되도록 하는 n의 최솟값은? [4점]

① 1   ② 2   ③ 3   ④ 4   ⑤ 5

(A형)

29. 실수 t에 대하여 직선 $y=t$가 곡선 $y=|x^2-2x|$와 만나는 점의 개수를 $f(t)$라 하자. 최고차항의 계수가 1인 이차함수 $g(t)$에 대하여 함수 $f(t)g(t)$가 모든 실수 t에서 연속일 때, $f(3)+g(3)$의 값을 구하시오. [4점]

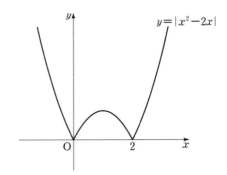

일익일촌

(A형)

30. 2 이상의 자연수 n에 대하여 다음 조건을 만족시키는
자연수 a, b의 모든 순서쌍 (a,b)의 개수가 300 이상이
되도록 하는 가장 작은 자연수 k의 값을 $f(n)$이라 할 때,
$f(2) \times f(3) \times f(4)$의 값을 구하시오. 〔4점〕

(가) $a < n^k$이면 $b \le \log_n a$이다.

(나) $a \ge n^k$이면 $b \le -(a-n^k)^2 + k^2$이다.

(B형)

18. 좌표평면 위의 두 곡선 $y = |9^x - 3|$과 $y = 2^{x+k}$이 만나는
서로 다른 두 점의 x좌표를 x_1, x_2 $(x_1 < x_2)$라 할 때,
$x_1 < 0$, $0 < x_2 < 2$를 만족시키는 모든 자연수 k의 값의
합은? 〔4점〕

① 8   ② 9   ③ 10   ④ 11   ⑤ 12

수학 영역

제 2 교시

가 형

성명 [   ] 수험 번호 [| | | | | | — | | |]

(A형)

21. 다음 조건을 만족시키는 모든 삼차함수 $f(x)$에 대하여 $f(2)$의 최솟값은? 〔4점〕

> (가) $f(x)$의 최고차항의 계수는 1이다.
> (나) $f(0) = f'(0)$
> (다) $x \geq -1$인 모든 실수 x에 대하여 $f(x) \geq f'(x)$이다.

① 28   ② 33   ③ 38   ④ 43   ⑤ 48

(A형)

30. 좌표평면에서 자연수 n에 대하여 다음 조건을 만족시키는 삼각형 OAB의 개수를 $f(n)$이라 할 때, $f(1) + f(2) + f(3)$의 값을 구하시오. (단 O는 원점이다.)

> (가) 점 A의 좌표는 $(-2, 3^n)$이다.
> (나) 점 B의 좌표를 (a, b)라 할 때, a와 b는 자연수이고 $b \leq \log_2 a$를 만족시킨다.
> (다) 삼각형 OAB의 넓이는 50 이하이다.

1 / 2

(B형)

21. 자연수 n에 대하여 다음 조건을 만족시키는 가장 작은

자연수 m을 a_n이라 할 때, $\sum\limits_{n=1}^{10} a_n$의 값은? 〔4점〕

> (가) 점 A의 좌표는 $(2^n, 0)$이다.
>
> (나) 두 점 $B(1, 0)$과 $C(2^m, m)$을 지나는 직선 위의 점 중
> x좌표가 2^n인 점을 D라 할 때, 삼각형 ABD의
> 넓이는 $\dfrac{m}{2}$보다 작거나 같다.

① 109   ② 111   ③ 113   ④ 115   ⑤ 117

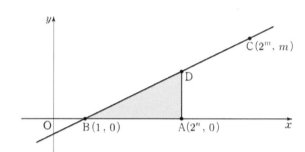

수학 영역

가　형　　성명 [　　　　]　수험 번호 [　|　|　|　|　|　— |　|　|　|　]

(A형)

21. 최고차항의 계수가 1인 다항함수 $f(x)$가 다음 조건을 만족시킬 때, $f(3)$의 값은? 〔4점〕

> (가) $f(0) = -3$
>
> (나) 모든 양의 실수 x에 대하여 $6x - 6 \leq f(x) \leq 2x^3 - 2$이다.

① 36　　② 38　　③ 40　　④ 42　　⑤ 44

(A형)

30. 다음 조건을 만족시키는 두 자연수 a, b의 모두 순서쌍 (a, b)의 개수를 구하시오. 〔4점〕

> (가) $1 \leq a \leq 10$, $1 \leq b \leq 100$
>
> (나) 곡선 $y = 2^x$이 원 $(x-a)^2 + (y-b)^2 = 1$과 만나지 않는다.
>
> (다) 곡선 $y = 2^x$이 원 $(x-a)^2 + (y-b)^2 = 4$와 적어도 한 점에서 만난다.

제2교시

수학 영역

가 형   성명   수험 번호

(A형)

20. $0 < a < 1 < b$인 두 실수 a, b에 대하여 두 함수

$$f(x) = \log_a(bx-1), \quad g(x) = \log_b(ax-1)$$

이 있다. 곡선 $y = f(x)$와 x축의 교점이 곡선 $y = g(x)$의 점근선 위에 있도록 하는 a와 b 사이의 관계식과 a의 범위를 옳게 나타낸 것은? [4점]

① $b = -2a + 2 \;\; (0 < a < \frac{1}{2})$

② $b = 2a \;\; (0 < a < \frac{1}{2})$

③ $b = 2a \;\; (\frac{1}{2} < a < 1)$

④ $b = 2a + 1 \;\; (0 < a < \frac{1}{2})$

⑤ $b = 2a + 1 \;\; (\frac{1}{2} < a < 1)$

(A형)

21. 최고차항의 계수가 1인 두 삼차함수 $f(x)$, $g(x)$가 다음 조건을 만족시킨다.

(가) $g(1) = 0$

(나) $\displaystyle\lim_{x \to n} \frac{f(x)}{g(x)} = (n-1)(n-2) \quad (n = 1, 2, 3, 4)$

$g(5)$의 값은? [4점]

① 4   ② 6   ③ 8   ④ 10   ⑤ 12

일익일손

(B형)

30. 실수 전체의 집합에서 미분가능한 함수 $f(x)$가 다음 조건을 만족시킨다.

(가) 모든 실수 x에 대하여 $1 \leq f'(x) \leq 3$이다.

(나) 모든 정수 n에 대하여 함수 $y = f(x)$의 그래프는
    점 $(4n, 8n)$, 점 $(4n+1, 8n+2)$, 점 $(4n+2, 8n+5)$,
    점 $(4n+3, 8n+7)$을 모두 지난다.

(다) 모든 정수 k에 대하여 닫힌 구간 $[2k, 2k+1]$에서
    함수 $y = f(x)$의 그래프는 각각 이차함수의 그래프의
    일부이다.

$\displaystyle\int_3^6 f(x)dx = a$라 할 때, $6a$의 값을 구하시오. 〔4점〕

수학 영역

성명 □　　수험 번호 □□□□□□ — □□□□

(A형)

21. 좌표평면에서 삼차함수 $f(x) = x^3 + ax^2 + bx$와 실수 t에 대하여 곡선 $y = f(x)$ 위의 점 $(t, f(t))$에서의 접선이 y축과 만나는 점을 P 라 할 때, 원점에서 점 P 까지의 거리를 $g(t)$라 하자. 함수 $f(x)$와 함수 $g(t)$는 다음 조건을 만족시킨다.

(가) $f(1) = 2$

(나) 함수 $g(t)$는 실수 전체의 집합에서 미분가능하다.

$f(3)$의 값은? (단, a, b는 상수이다.) [4점]

① 21　　② 24　　③ 27　　④ 30　　⑤ 33

(A형)

30. 좌표평면에서 $a > 1$인 자연수 a에 대하여 두 곡선

$y = 4^x$, $y = a^{-x+4}$과 직선 $y = 1$로 둘러싸인 영역의 내부 또는 그 경계에 포함되고 x좌표와 y좌표가 모두 정수인 점의 개수가 20 이상 40 이하가 되도록 하는 a의 개수를 구하시오. [4점]

수학 영역

가   형 | 성명 | | 수험 번호 | | | | | | — | | | |

(A형)

21. 사차함수 $f(x)$의 도함수 $f'(x)$가

$$f'(x) = (x+1)(x^2 + ax + b)$$

이다. 함수 $y = f(x)$가 구간 $(-\infty, 0)$에서 감소하고 구간 $(2, \infty)$에서 증가하도록 하는 실수 a, b의 순서쌍 (a, b)에 대하여, $a^2 + b^2$의 최댓값을 M, 최솟값을 m이라 하자. $M + m$의 값은? 〔4점〕

① $\dfrac{21}{4}$　　② $\dfrac{43}{8}$　　③ $\dfrac{11}{2}$　　④ $\dfrac{45}{8}$　　⑤ $\dfrac{23}{4}$

(A형)

30. 자연수 n에 대하여 부등식 $4^k - (2^n + 4^n)2^k + 8^n \leq 1$을 만족시키는 모든 자연수 k의 합을 a_n이라 하자.

$\displaystyle\sum_{n=1}^{20} \dfrac{1}{a_n} = \dfrac{q}{p}$일 때, $p + q$의 값을 구하시오. (단, p와 q는 서로소인 자연수이다.) 〔4점〕

일익일손

제 2 교시

가   형

성명 [   ]   수험 번호 [| | | | | | — | | | |]

(A형)

20. 그림과 같이 함수 $y=2^x$의 그래프 위의 한 점 A를 지나고 x축에 평행한 직선이 함수 $y=15\cdot 2^{-x}$의 그래프와 만나는 점을 B라 하자. 점 A의 x좌표를 a라 할 때, $1<\overline{AB}<100$을 만족시키는 2 이상의 자연수 a의 개수는? 〔4점〕

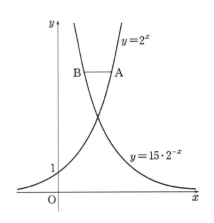

① 40   ② 43   ③ 46   ④ 49   ⑤ 52

(A형)

21. 함수

$$f(x)=\begin{cases} a(3x-x^3) & (x<0) \\ x^3-ax & (x\geq 0) \end{cases}$$

의 극댓값이 5일 때, $f(2)$의 값은? (단, a는 상수이다.) 〔4점〕

① 5   ② 7   ③ 9   ④ 11   ⑤ 13

일익일손

제 2 교시

수학 영역

가 형   성명 　　　　　　수험 번호 　　　　　 － 　　　　

(가형)

19. 삼차함수 $f(x)$는 $f(0) > 0$을 만족시킨다. 함수 $g(x)$를

$$g(x) = \left| \int_0^x f(t)dt \right|$$

라 할 때, 함수 $y = g(x)$의 그래프가 그림과 같다.

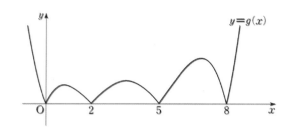

〈보기〉에서 옳은 것만을 있는 대로 고른 것은? 〔4점〕

— 〈 보 기 〉 —

ㄱ. 방정식 $f(x) = 0$은 서로 다른 3개의 실근을 갖는다.

ㄴ. $f'(0) < 0$

ㄷ. $\displaystyle\int_m^{m+2} f(x)dx > 0$을 만족시키는 자연수 m의 개수는 3이다.

① ㄴ　　　　　② ㄷ　　　　　③ ㄱ, ㄴ
④ ㄱ, ㄷ　　　　⑤ ㄱ, ㄴ, ㄷ

(가형)

27. 자연수 n에 대하여 좌표평면 위의 점 P_n을 다음 규칙에 따라 정한다.

(가) 세 점 P_1, P_2, P_3의 좌표는 각각 $(-1, 0)$, $(1, 0)$, $(-1, 2)$이다.

(나) 선분 $P_n P_{n+1}$의 중점과 선분 $P_{n+2} P_{n+3}$의 중점은 같다.

예를 들어 점 P_4의 좌표는 $(1, -2)$이다. 점 P_{25}의 좌표가 (a, b)일 때, $a + b$의 값을 구하시오. 〔4점〕

일익일촌

(가형)

30. 좌표평면에서 자연수 n에 대하여 영역

$$\{(x, y)|2^x - n \le y \le \log_2(x+n)\}$$

에 속하는 점 중 다음 조건을 만족시키는 점의 개수를 a_n이라
하자.

(가) x좌표와 y좌표는 서로 같다.
(나) x좌표와 y좌표는 모두 정수이다.

예를 들어, $a_1 = 2$, $a_2 = 4$이다. $\displaystyle\sum_{n=1}^{30} a_n$의 값을 구하시오. 〔4점〕

제 2 교시

가   형

성명 [   ]   수험 번호 [   ] — [   ]

(가형)

30. 좌표평면에서 다음 조건을 만족시키는 정사각형 중 두 함수 $y = \log 3x$, $y = \log 7x$의 그래프와 모두 만나는 것의 개수를 구하시오.

> (가) 꼭짓점의 x좌표, y좌표가 모두 자연수이고 한 변의 길이가 1이다.
> (나) 꼭짓점의 x좌표는 모두 100 이하이다.

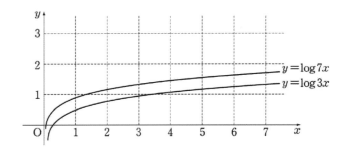

(나형)

19. 닫힌 구간 $[0, 2]$에서 정의된 함수

$$f(x) = ax(x-2)^2 \left(a > \frac{1}{2}\right)$$

에 대하여 곡선 $y = f(x)$와 직선 $y = x$의 교점 중 원점 O가 아닌 점을 A라 하자. 점 P가 원점으로부터 점 A까지 곡선 $y = f(x)$ 위를 움직일 때, 삼각형 OAP의 넓이가 최대가 되는 점 P의 x좌표가 $\frac{1}{2}$이다. 상수 a의 값은? [4점]

① $\dfrac{5}{4}$ ② $\dfrac{4}{3}$ ③ $\dfrac{17}{12}$ ④ $\dfrac{3}{2}$ ⑤ $\dfrac{19}{12}$

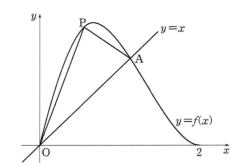

1 / 2

(나형)

21. 좌표평면에서 두 함수

$$f(x) = 6x^3 - x, \quad g(x) = |x - a|$$

의 그래프가 서로 다른 두 점에서 만나도록 하는 모든 실수 a의 값의 합은? [4점]

① $-\dfrac{11}{18}$ ② $-\dfrac{5}{9}$ ③ $-\dfrac{1}{2}$ ④ $-\dfrac{4}{9}$ ⑤ $-\dfrac{7}{18}$

(나형)

29. 그림과 같이 곡선 $y = x^2$과 양수 t에 대하여 세 점 $O(0, 0)$, $A(t, 0)$, $B(t, t^2)$을 지나는 원 C가 있다. 원 C의 내부와 부등식 $y \le x^2$이 나타내는 영역의 공통부분의 넓이를 $S(t)$라 할 때, $S'(1) = \dfrac{p\pi + q}{4}$이다.

$p^2 + q^2$의 값을 구하시오. (단, p, q는 정수이다.) [4점]

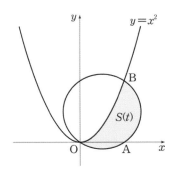

제 2 교시

수학 영역

가 형   성명 [   ]   수험 번호 [| | | | — | | |]

(가형)

16. 양의 실수 전체의 집합에서 증가하는 함수 $f(x)$가
$x=1$에서 미분가능하다. 1보다 큰 모든 실수 a에 대하여
점 $(1, f(1))$과 점 $(a, f(a))$ 사이의 거리가 a^2-1일 때,
$f'(1)$의 값은? 〔4점〕

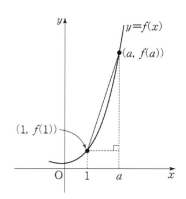

① 1   ② $\dfrac{\sqrt{5}}{2}$ ③ $\dfrac{\sqrt{6}}{2}$

④ $\sqrt{2}$ ⑤ $\sqrt{3}$

(가형)

21. 함수 $f(x)=x^3-3x^2-9x-1$과 실수 m에 대하여
함수 $g(x)$를

$$g(x)=\begin{cases} f(x) & (f(x) \geq mx) \\ mx & (f(x) < mx) \end{cases}$$

라 하자. $g(x)$가 실수 전체의 집합에서 미분가능할 때,
m의 값은? 〔4점〕

① -14 ② -12 ③ -10 ④ -8 ⑤ -6

(가형)

28. 수열 $\{a_n\}$에서 $a_1 = 2$이고, $n \geq 1$일 때, a_{n+1}은

$$\frac{1}{n+2} < \frac{a_n}{k} < \frac{1}{n}$$

을 만족시키는 자연수 k의 개수이다. a_{10}의 값을 구하시오.

〔4점〕

(가형)

30. 3보다 큰 자연수 n에 대하여 $f(n)$을 다음 조건을 만족시키는 가장 작은 자연수 a라 하자.

(가) $a \geq 3$

(나) 두 점 $(2, 0)$, $(a, \log_n a)$를 지나는 직선의 기울기는 $\frac{1}{2}$보다 작거나 같다.

예를 들어 $f(5) = 4$이다. $\sum_{n=4}^{30} f(n)$의 값을 구하시오. 〔4점〕

(나형)

17. 곡선 $y = x^3 - 5x$ 위의 점 $A(1, -4)$에서의 접선이 점 A가 아닌 점 B에서 곡선과 만난다. 선분 AB의 길이는? 〔4점〕

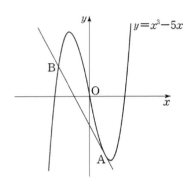

① $\sqrt{30}$　　　② $\sqrt{35}$　　　③ $2\sqrt{10}$
④ $3\sqrt{5}$　　　⑤ $5\sqrt{2}$

(나형)

29. 방정식

$$4^x + 4^{-x} + a(2^x - 2^{-x}) + 7 = 0$$

이 실근을 갖기 위한 양수 a의 최솟값을 m이라 할 때, m^2의 값을 구하시오. 〔4점〕

日益日損

해설

김동진 지음

為學日益 : 위학일익
為道日損 : 위도일손

노자 도덕경

"배움을 따르면 매일 얻고
도를 따르면 매일 버린다"
⇒ 매일 새롭게 배우고,
남은 것·쓸모 없는 것·오병
은 버리기!

일익일손

수학 I·II

평가원 10개년 2013 ~2022
6·9·수능
킬러문항 총망라 총 94문제
전 문항 손풀이 제공

14. 수직선 위를 움직이는 점 P의 시각 t에서의 위치 $x(t)$가 두 상수 a, b에 대하여

$$x(t) = t(t-1)(at+b) \quad (a \neq 0)$$

이다. 점 P의 시각 t에서의 속도 $v(t)$가 $\displaystyle\int_0^1 |v(t)|dt = 2$를 만족시킬 때, 〈보기〉에서 옳은 것만을 있는 대로 고른 것은?

[4점]

───── 〈 보 기 〉 ─────

ㄱ. $\displaystyle\int_0^1 v(t)dt = 0$

ㄴ. $|x(t_1)| > 1$인 t_1이 열린구간 $(0, 1)$에 존재한다.

ㄷ. $0 \leq t \leq 1$인 모든 t에 대하여 $|x(t)| < 1$이면 $x(t_2) = 0$인 t_2가 열린구간 $(0, 1)$에 존재한다.

① ㄱ   ② ㄱ, ㄴ   ③ ㄱ, ㄷ
④ ㄴ, ㄷ   ⑤ ㄱ, ㄴ, ㄷ

1)
$x'(t) = v(t)$
$x''(t) = a(t)$

2) +1
$x(t) = t(t-1)(at+b)$
$x'(t) = (t-1)(at+b) + t(at+b) + t(t-1)$
$= 3at^2 + 2(b-a)t - b = v(t)$

[그래프들]
- $-\frac{b}{a} = 0$, $x(t)$
- $-\frac{b}{a} > 0$ (기)
- $-\frac{b}{a} > 0$ (<1)
- $-\frac{b}{a} < 0$
- $x'=v$
- $-\frac{b}{a} = 1$

3) +2) +1

$\displaystyle\int_0^1 |v(t)|dt$: 이동거리 ⇒ 위치 변화량 총합 = 2

① $-\frac{b}{a} = 0$ ⇒ $-2m(>0)$ ⇒ $-2m = 2$ ∴ $m = -1$
② $-\frac{b}{a} > 0$(기) ⇒ $2M$, $M=1$ ⇒ $2M = 2$ ∴ $M = 1$
③ $-\frac{b}{a} > 0$(<1) ⇒ $2M-2m$ ⇒ $2M-2m = 2$ ∴ $M-m = 1$
④ $-\frac{b}{a} < 0$ ⇒ $-2m$ ⇒ $-2m = 2$ ∴ $m = -1$
⑤ $-\frac{b}{a} = 1$ ⇒ $2M$, $M=1$ ⇒ $2M = 2$ ∴ $M = 1$

ㄱ.

4) +1
$\displaystyle\int_0^1 v(t)dt = \int_0^1 x'(t)dt = x(1) - x(0) = 0 - 0 = 0$ ㄱ. (참)

ㄴ.
5) +3) +2   ㄷ.
6) +3
①②③④⑤ ㄴ. (거짓)   ③ 이 옳일다 ㄷ. (참)

---

20. 실수 전체의 집합에서 미분가능한 함수 $f(x)$가 다음 조건을 만족시킨다.

(가) 닫힌구간 $[0, 1]$에서 $f(x) = x$이다.

(나) 어떤 상수 a, b에 대하여 구간 $[0, \infty)$에서 $f(x+1) - xf(x) = ax + b$이다.

$60 \times \displaystyle\int_1^2 f(x)dx$의 값을 구하시오. [4점]

답: 110

1)
ㄱ.가 : $\displaystyle\lim_{h \to 0} \frac{f(x+h)-f(x)}{h}$: 존재 그래프 뾰족점 없음

연속   구간 : 실수 전체

2) +1
[그래프]
⇒ $f(0) = 0$, $f(1) = 1$
$f'(0) = f'(1) = 1$

3) +2
[0,1] 에서
$f(x+1) - x \cdot x = ax + b$ ⇒ $f(x+1) = x^2 + ax + b$
$x = 0$ ⇒ $f(1) = b = 1$

[1,2] 에서 $x+1 \Rightarrow x$
$f(x) = (x-1)^2 + a(x-1) + b$ ⇒ $f'(x) = 2(x-1) + a$, $f'(1) = a = 1$

4) +3
$\displaystyle\int_1^2 f(x)dx = \int_1^2 [(x-1)^2 + (x-1) + 1]dx = \int_1^2 (x^2 - x + 1)dx = \frac{11}{6}$

∴ $60 \times \displaystyle\int_1^2 f(x)dx = 110$

21. 수열 $\{a_n\}$이 다음 조건을 만족시킨다.

> (가) $|a_1| = 2$
>
> (나) 모든 자연수 n에 대하여 $|a_{n+1}| = 2|a_n|$이다.
>
> (다) $\displaystyle\sum_{n=1}^{10} a_n = -14$

$a_1 + a_3 + a_5 + a_7 + a_9$의 값을 구하시오. [4점]

답: 678

1) 수열 : 등차, 등비, 부분수 …
$\left\{\begin{array}{l} n=1 \ a_1 = \square \quad n=2 \ a_2 = \square \ \cdots \end{array}\right.$

2) $a_1 = \pm 2$

3) (+2)
$|a_{n+1}| = 2|a_n| \Rightarrow b_n = |a_n| : 공비 \ 2. \ b_1 = 2 \ 등비수열$
$\left\{\begin{array}{l} a_1 = \pm 2. \ a_2 = \pm 2^2. \ a_3 = \pm 2^3. \ \cdots \end{array}\right.$

4) (+3)
$\displaystyle\sum_{n=1}^{10} |a_n| + \sum_{n=1}^{10} a_n = 2 \times \sum a_k = \frac{2 \times (2^{10}-1)}{2-1} + (-14) = 2032$

$\Rightarrow \underline{\sum a_k = 1016}$

$\Rightarrow (a_1 = \pm 2. \ a_2 = \pm 2^2. \ a_3 = \pm 2^3. \ \cdots. \ a_9 = \pm 2^9. \ a_{10} = \pm 2^{10} \ 중 \ 양수항 \ 합) = 1016$

$\Rightarrow 2^{10} = 1024 > 1016 \ 이므로 \ a_{10} = -2^{10} < 0$

$2 + 2^2 + \cdots + 2^9 = \frac{2 \times (2^9 -1)}{2-1} = 1022 \ 이므로 \left\{\begin{array}{l} a_1 = -2. \ a_2 = -4 \\ a_3. \ \cdots. \ a_9 > 0. \ a_{10} = -1024 \end{array}\right.$

5) (+4)
$a_1 + a_3 + a_5 + a_7 + a_9 = -2 + 8 + 32 + 128 + 512$

$\therefore \boxed{a_1 + a_3 + a_5 + a_7 + a_9 = 678}$

---

22. 최고차항의 계수가 $\frac{1}{2}$인 삼차함수 $f(x)$와 실수 t에 대하여 방정식 $f'(x) = 0$이 닫힌구간 $[t, t+2]$에서 갖는 실근의 개수를 $g(t)$라 할 때, 함수 $g(t)$는 다음 조건을 만족시킨다.

> (가) 모든 실수 a에 대하여 $\displaystyle\lim_{t \to a+} g(t) + \lim_{t \to a-} g(t) \le 2$이다.
>
> (나) $g(f(1)) = g(f(4)) = 2, \ g(f(0)) = 1$

$f(5)$의 값을 구하시오. [4점]

답: 9

1) $f(x) = \frac{1}{2}x^3 + ax^2 + bx + c$

: 증가, 절대칭

2) (+1)
$f'(x) = \frac{3}{2}x^2 + 2ax + b, \ f'(x) = 0 : (접선 \ 기울기) = 0$

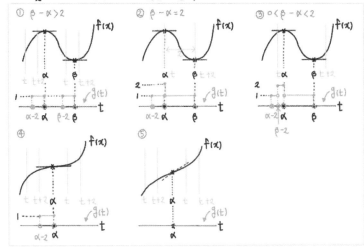

3) (+2)
①. ②. ④. ⑤ : 가능   ③ : 불가

4) (+3) (+2) (+1)
$g(f(1)) = g(f(4)) = 2 \Rightarrow ② 만 가능. \ f(1) = f(4) = \alpha$

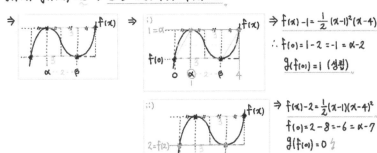

$\Rightarrow f(x) - 1 = \frac{1}{2}(x-1)^2(x-4)$
$\therefore f(0) = 1 - 2 = -1 = \alpha - 2$
$g(f(0)) = 1 \ (성립)$

$\Rightarrow f(x) - 2 = \frac{1}{2}(x-1)(x-4)^2$
$f(0) = 2 - 8 = -6 = \alpha - 7$
$g(f(0)) = 0 \ \text{✗}$

5) (+4)
$f(x) = \frac{1}{2}(x-1)^2(x-4) + 1$

$\therefore \boxed{f(5) = 9}$

성명 [ ]   수험 번호 [| | | | — | | |]

15. 수열 $\{a_n\}$은 $|a_1| \leq 1$이고, 모든 자연수 n에 대하여

$$a_{n+1} = \begin{cases} -2a_n - 2 & \left(-1 \leq a_n < -\dfrac{1}{2}\right) \\ 2a_n & \left(-\dfrac{1}{2} \leq a_n \leq \dfrac{1}{2}\right) \\ -2a_n + 2 & \left(\dfrac{1}{2} < a_n \leq 1\right) \end{cases}$$

을 만족시킨다. $a_5 + a_6 = 0$이고 $\displaystyle\sum_{k=1}^{5} a_k > 0$이 되도록 하는 모든 a_1의 값의 합은? [4점]

① $\dfrac{9}{2}$ ② 5 ③ $\dfrac{11}{2}$ ④ 6 ⑤ $\dfrac{13}{2}$

(handwritten solution)

1) a_n: 수열 — 등차, 등비, 부분분수
   $n=1 \Rightarrow a_1 = \square$, $n=2 \Rightarrow a_2 = \square$ ... 대입

2) $-1 \leq a_1 \leq 1$

3) a_{n+1}과 a_n의 범위가 결정됨

4) +3) $a_6 = -a_5$, $a_6 = -2a_5 - 2$ $(-1 \leq a_5 < -\frac{1}{2}) \Rightarrow a_5 = -2$ 불
   $2a_5$ $(-\frac{1}{2} \leq a_5 \leq \frac{1}{2}) \Rightarrow a_5 = 0$ OK, $a_6 = 0$
   $-2a_5 + 2$ $(\frac{1}{2} < a_5 \leq 1) \Rightarrow a_5 = 2$ 불

5) +4)+3) $a_5 = 0 = -2a_4 - 2$ $(-1 \leq a_4 < -\frac{1}{2}) \Rightarrow a_4 = -1$ OK — i)
   $2a_4$ $(-\frac{1}{2} \leq a_4 \leq \frac{1}{2}) \Rightarrow a_4 = 0$ OK — ii)
   $-2a_4 + 2$ $(\frac{1}{2} < a_4 \leq 1) \Rightarrow a_4 = 1$ OK — iii)

i) $a_4 = -1 = -2a_3 - 2$ $(-1 \leq a_3 < -\frac{1}{2}) \Rightarrow a_3 = -\frac{1}{2}$ 불
   $2a_3$ $(-\frac{1}{2} \leq a_3 \leq \frac{1}{2})$ $\boxed{a_3 = -\frac{1}{2}}$ OK
   $-2a_3 + 2$ $(\frac{1}{2} < a_3 \leq 1) \Rightarrow a_3 = \frac{3}{2}$ 불

$\Rightarrow a_3 = -\frac{1}{2} = -2a_2 - 2$ $(-1 \leq a_2 < -\frac{1}{2}) \Rightarrow a_2 = -\frac{3}{4}$ OK — ①
   $2a_2$ $(-\frac{1}{2} \leq a_2 \leq \frac{1}{2}) \Rightarrow a_2 = -\frac{1}{4}$ OK — ②
   $-2a_2 + 2$ $(\frac{1}{2} < a_2 \leq 1) \Rightarrow a_2 = \frac{5}{4}$ 불

① $a_2 = -\frac{3}{4}$: $-2a_1 - 2$ $(-1 \leq a_1 < -\frac{1}{2}) \Rightarrow a_1 = -\frac{5}{8}$ OK $> a_1 + a_2 + \cdots + a_5 < 0$ 불
   $2a_1$ $(-\frac{1}{2} \leq a_1 \leq \frac{1}{2}) \Rightarrow a_1 = -\frac{3}{8}$ OK
   $-2a_1 + 2$ $(\frac{1}{2} < a_1 \leq 1) \Rightarrow a_1 = \frac{11}{8}$ 불

② $a_2 = -\frac{1}{4}$: $-2a_1 - 2$ $(-1 \leq a_1 < -\frac{1}{2}) \Rightarrow a_1 = -\frac{7}{8}$ OK $> a_1 + a_2 + \cdots + a_5 < 0$ 불
   $2a_1$ $(-\frac{1}{2} \leq a_1 \leq \frac{1}{2}) \Rightarrow a_1 = -\frac{1}{8}$ OK
   $-2a_1 + 2$ $(\frac{1}{2} < a_1 \leq 1) \Rightarrow a_1 = \frac{9}{8}$ 불

ii) $a_4 = 0 \Rightarrow$ 같은 방식의 반복

∴ 가능한 a_1 : $1, \frac{1}{2}, \frac{1}{4}, \frac{3}{4}, \frac{1}{8}, \frac{3}{8}, \frac{5}{8}, \frac{7}{8}$

∴ $\boxed{(\text{모두 합한 값}) = \dfrac{9}{2}}$

---

20. 함수 $f(x) = \dfrac{1}{2}x^3 - \dfrac{9}{2}x^2 + 10x$에 대하여 x에 대한 방정식

$$f(x) + |f(x) + x| = 6x + k$$

의 서로 다른 실근의 개수가 4가 되도록 하는 모든 정수 k의 값의 합을 구하시오. [4점]

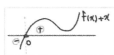
답: 21

(handwritten solution)

1) $f(x)$: 삼차함수 $\times$ $x=0$ (근) $\Rightarrow f(x) = \frac{1}{2}x(3x^2 - 18x + 20)$
   근호 안에 잘 묶을
   $\frac{D}{4} = 81 - 60 > 0$ ··· 근이 정해?
   최고차항 계수 ⊕ $\Rightarrow$: 증가, 절대값

2) +1) $|f(x) + x| \Rightarrow \frac{1}{2}x^3 - \frac{9}{2}x^2 + 11x = \frac{1}{2}x(x^2 - 9x + 22) \rightarrow$ 근 X ($D < 0$)

$\Rightarrow f(x) + |f(x) + x| = \begin{cases} 2f(x) + x = x^3 - 9x^2 + 21x & (x \geq 0) \\ f(x) - f(x) - x = -x & (x < 0) \end{cases}$

$x \geq 0 \Rightarrow x^3 - 9x^2 + 15x = k$ $(x^3 - 9x^2 + 15x)' = 3x^2 - 18x + 15 = 3(x-1)(x-5)$
$x < 0 \Rightarrow -7x = k$

3) +2) $f + |f+x| - 6x \Rightarrow 0 < k < 1 - 9 + 15$
   ∴ $0 < k < 7$

4) +3) $k = 1, 2, 3, 4, 5, 6$
   ∴ $\boxed{(\text{모두 합한 값}) = 21}$

21. $a>1$인 실수 a에 대하여 직선 $y=-x+4$가 두 곡선

$$y=a^{x-1}, \quad y=\log_a(x-1)$$

과 만나는 점을 각각 A, B라 하고, 곡선 $y=a^{x-1}$이 y축과 만나는 점을 C라 하자. $\overline{AB}=2\sqrt{2}$일 때, 삼각형 ABC의 넓이가 S이다. $50\times S$의 값을 구하시오. 〔4점〕

답:192

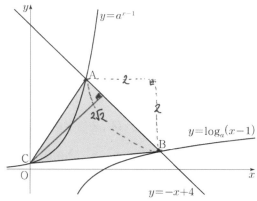

1)
$y=-x+4 \Rightarrow$

2) $y=a^{x-1} \backsim y=a^x$, $x=1$ 평행이동

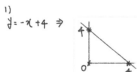

3) $y=\log_a(x-1) \backsim y=\log_a x$: 역함수를, $x=-1$, $y=-1$ 평행이동

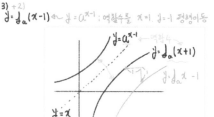

4) $C(0, \frac{1}{a})$

5)
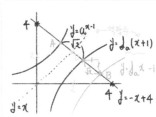

$y=x$와 $y=-x+4$의 교점 D
$\Rightarrow x=-x+2$, $x=2$ $D(2,2)$
$\overline{AD}=\frac{\sqrt{2}}{2}$이고 $A(2-\frac{1}{2}, 2+\frac{1}{2})$
$\Rightarrow A(\frac{3}{2}, \frac{5}{2})$
$\therefore \frac{5}{2}=a^{\frac{3}{2}-1}=a^{\frac{1}{2}}$
$\therefore a=\frac{25}{4}$

6)
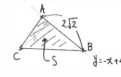

$\Rightarrow h: y=-x+4 \backsim C(0, \frac{4}{25})$의 거리.
$\Rightarrow h: \frac{|0-\frac{4}{25}+4|}{\sqrt{2}}=\frac{1}{\sqrt{2}}\times\frac{96}{25}$
$S=\frac{1}{2}\times\overline{AB}\times h=\frac{1}{2}\times2\sqrt{2}\times\frac{1}{\sqrt{2}}\times\frac{96}{25}=\frac{96}{25}$

$\therefore 50S=192$

22. 최고차항의 계수가 1인 삼차함수 $f(x)$에 대하여 함수

$$g(x)=f(x-3)\times\lim_{h\to 0+}\frac{|f(x+h)|-|f(x-h)|}{h}$$

가 다음 조건을 만족시킬 때, $f(5)$의 값을 구하시오. 〔4점〕

(가) 함수 $g(x)$는 실수 전체의 집합에서 연속이다.

(나) 방정식 $g(x)=0$은 서로 다른 네 실근 α_1, α_2, α_3, α_4를 갖고 $\alpha_1+\alpha_2+\alpha_3+\alpha_4=7$이다.

답:108

1) $f(x)=x^3+ax^2+bx+c$: 삼차함수 (연속, 미가, 적가)

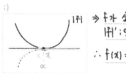 : 증가, 점대칭

2) $f(x-3)$: $f(x)$, $x=3$ 평행이동

$\lim_{h\to 0+}\frac{|f(x+h)|-|f(x-h)|}{h}=\lim_{h\to 0+}\frac{|f(x+h)|-|f(x-h)|}{2h}\times(x+h)-(x-h)\times2$: $|f(x)|$의 우도함수

$\Rightarrow g(x)=f(x-3)\times2|f(x)|'$

3) $f(5)$: $f(x)$ 식에 $x=5$ 대입

4) $g(x)=2f(x-3)|f(x)|'$ $\Rightarrow |f(x)|'$: 연속 $\Rightarrow g(x)$: 연속
$|f(x)|'$: $x=\alpha$에서 불연속 $\Rightarrow f(\alpha-3)=0$

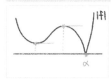

$\Rightarrow f$가 실근2를 가지면 $|f|'$: 연속
$\therefore f(x)=(x-\alpha)^3$

$\Rightarrow |f|$의 변곡점에서 $|f|'$: 불연속

5) $\,\mathrm{i})$ $g(x)=2f(x-3)|f(x)|'=0 \Rightarrow x=\alpha+3$, $x=\alpha$: 서로 다른 두 근 ↙

$\mathrm{ii})$ $g(x)=2f(x-3)|f(x)|'=0 \Rightarrow |f|'$: $|f|$의 극대·극소점에서 0. $f(x-3)$: $x=\alpha$에서 근.

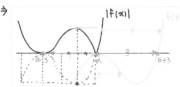

$\Rightarrow$ $\therefore f(x-3)$: $x=\alpha$ 중근 $x=\alpha+3$ 근
$\Rightarrow f(x)$: $x=\alpha-3$ 중근, $x=\alpha$ 근
$\therefore g(x)=2f(x-3)|f(x)|'=0$
$x=\alpha, \alpha+3, \alpha-3, \alpha-1$ 근

6) $\alpha+(\alpha+3)+(\alpha-3)+(\alpha-1)=4\alpha-1=7$
$\therefore \alpha=2$
$f(x)=(x+1)^2(x-2)$
$\therefore f(5)=36\times3=108$

제 2 교시

수학 영역

성명 [　　　] 수험 번호 [　|　|　|　|　|　] ─ [　|　|　|　]

---

15. $-1 \leq t \leq 1$인 실수 t에 대하여 x에 대한 방정식

$$\left(\sin\frac{\pi x}{2} - t\right)\left(\cos\frac{\pi x}{2} - t\right) = 0$$

의 실근 중에서 집합 $\{x | 0 \leq x < 4\}$에 속하는 가장 작은 값을 $\alpha(t)$, 가장 큰 값을 $\beta(t)$라 하자. 〈보기〉에서 옳은 것만을 있는 대로 고른 것은? 〔4점〕

〈 보 기 〉

ㄱ. $-1 \leq t < 0$인 모든 실수 t에 대하여 $\alpha(t) + \beta(t) = 5$이다.

ㄴ. $\{t | \beta(t) - \alpha(t) = \beta(0) - \alpha(0)\} = \left\{t \mid 0 \leq t \leq \frac{\sqrt{2}}{2}\right\}$

ㄷ. $\alpha(t_1) = \alpha(t_2)$인 두 실수 t_1, t_2에 대하여 $t_2 - t_1 = \frac{1}{2}$이면 $t_1 \times t_2 = \frac{1}{3}$이다.

① ㄱ ② ㄱ, ㄴ ③ ㄱ, ㄷ
④ ㄴ, ㄷ ⑤ ㄱ, ㄴ, ㄷ

1)
Sin $\frac{\pi x}{2}$: 최대·최소 = ±1. 주기 ·4. 대칭성   Cos $\frac{\pi x}{2}$: 최대·최소 = ±1. 주기 ·4. 대칭성

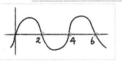 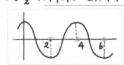

Sin $\frac{\pi x}{2}$ = t 또는 Cos $\frac{\pi x}{2}$ = t

2) +1)

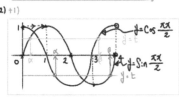

ㄱ.
3) +2) +1)

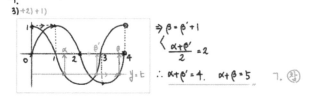

⇒ β = β'+1
⟨ $\frac{\alpha + \beta'}{2}$ = 2
∴ α+β' = 4. α+β = 5   ㄱ. ⓞ

ㄴ.
4) +2)

⇒ β(0) - α(0) = 3
$\frac{3}{?}$ $\frac{?}{?}$
$\cos\left(\frac{\pi x}{2}\right) = \sin\left(\frac{\pi x}{2}\right)$
∴ $0 \leq t \leq \frac{\sqrt{2}}{2}$ ㄴ. ⓞ

ㄷ.
5), 6) +2)

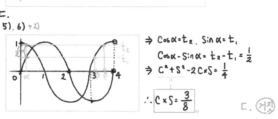

⇒ Cos α = t₂, Sin α = t₁,
Cos - Sin α = t₂ - t₁ = $\frac{1}{2}$
⇒ C² + S² - 2CS = $\frac{1}{4}$
∴ C × S = $\frac{3}{8}$ ㄷ. 거짓

---

21. 다음 조건을 만족시키는 최고차항의 계수가 1인 이차함수 $f(x)$가 존재하도록 하는 모든 자연수 n의 값의 합을 구하시오.
〔4점〕

(가) x에 대한 방정식 $(x^n - 64)f(x) = 0$은 서로 다른 두 실근을 갖고, 각각의 실근은 중근이다.
(나) 함수 $f(x)$의 최솟값은 음의 정수이다.

답 : 24

1)
$f(x) = x^2 + ax + b$ 대칭성

3) +1) +2)
$n=1$ ⇒ $(x-64)f(x)=0$ → $f(x)$의 근 : 64, ⓐ 꼴 근 (근 3개)
　　　　x=64 : 중근
$n=2$ ⇒ (x^2-64)근 → $f(x)$의 근 : 8, -8 ∴ $f(x)=(x-8)(x+8)$
　　　　x=±8 : 꼴
$n=3$ ⇒ $(x^3-64)f(x)=0$ → $f(x)$의 근 : $64^{\frac{1}{3}}$, ⓐ 꼴 근 (근 3개)
　　　　$x=64^{\frac{1}{3}}$: 중근
n : 짝수 ⇒ $(x^n-64)f(x)=0$ ⇒ $f(x) = (x - 64^{\frac{1}{n}})(x + 64^{\frac{1}{n}})$
　　　　$x = \pm 64^{\frac{1}{n}}$　　　$= x^2 - 64^{\frac{2}{n}}$

5) +3)
$64^{\frac{2}{n}} = (2^6)^{\frac{2}{n}} = 2^{\frac{12}{n}}$: 정수 $2^{\square}$ 0,1,2, …
⇒ n = 1, 2, 3, 4, 6, 12
　　n = 2, 4, 6, 12
∴ (25 참한 값) = 24

22. 삼차함수 $f(x)$가 다음 조건을 만족시킨다.

> (가) 방정식 $f(x)=0$의 서로 다른 실근의 개수는 2이다.
> (나) 방정식 $f(x-f(x))=0$의 서로 다른 실근의 개수는 3이다.

$f(1)=4$, $f'(1)=1$, $f'(0)>1$일 때, $f(0)=\dfrac{q}{p}$이다. $p+q$의 값을 구하시오. (단, p와 q는 서로소인 자연수이다.) 〔4점〕

답: 61

1) $f(x)=ax^3+bx^2+cx+d$ 최고차항 수 동일   설레짐 ...

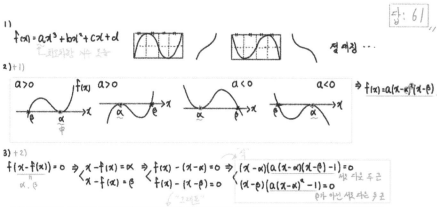

2) +1)

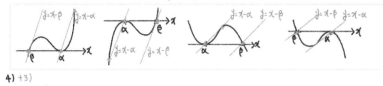

$\Rightarrow f(x)=a(x-\alpha)^2(x-\beta)$

3) +2)

$f(x-f(x))=0 \Rightarrow \begin{cases} x-f(x)=\alpha \\ x-f(x)=\beta \end{cases} \Rightarrow \begin{cases} f(x)-(x-\alpha)=0 \\ f(x)-(x-\beta)=0 \end{cases}$

$(x-\alpha)(a(x-\alpha)(x-\beta)-1)=0$

$(x-\beta)(a(x-\alpha)^2-1)=0$

서로 다른 두근 / β가 아닌 서로 다른 두근

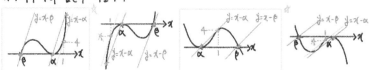

4) +3) $\alpha, \beta \neq 1$

5) +4)+3) $x=1$ 에서 두 직선에 기울기 : 1

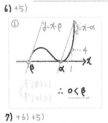 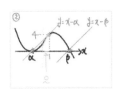

$\Rightarrow y=x-\alpha$, $(1,4)$ 지나감

$\therefore 4=1-\alpha$, $\alpha=-3$

$\therefore f(x)=a(x+3)^2(x-\beta)$

6) +5)

① $y=x-\beta$, $y=x-\alpha$ ② $y=x-\alpha$, $y=x-\beta$

$\dfrac{f(1)}{f'(1)}$ $\therefore 0<\beta$

7) +6)+5) $f(0)$: $f(x)$ 식 구한 후 $x=0$ 대입

① $\begin{cases} f'(\beta)=a(\beta+3)^2=1 \\ f(1)=16a(1-\beta)=4 \end{cases} \Rightarrow (\beta+3)^2=4(1-\beta)$, $\beta^2+10\beta+5=0$ $\therefore \beta=-5\pm\sqrt{25-5}<0$ ✗

② $\begin{cases} f'(1)=2a(1+3)(1-\beta)+16a=8a(1-\beta)+16a=8a(3-\beta)=1 \\ f(1)=16a(1-\beta)=4 . \quad 4a(1-\beta)=1 \end{cases}$

$\Rightarrow 8(3-\beta)=4(1-\beta)$

$\therefore \beta=5$, $a=-\dfrac{1}{16}$

$\therefore f(x)=-\dfrac{1}{16}(x+3)^2(x-5)$, $f(0)=\dfrac{45}{16}=\dfrac{q}{p}$

$\therefore p+q=61$

제 2 교시

수학 영역

가 형   성명 □□□□   수험 번호 □□□□□ — □□□□

(가형)

21. 수열 $\{a_n\}$은 $0 < a_1 < 1$이고, 모든 자연수 n에 대하여 다음 조건을 만족시킨다.

(가) $a_{2n} = a_2 \times a_n + 1$

(나) $a_{2n+1} = a_2 \times a_n - 2$

$a_8 - a_{15} = 63$일 때, $\dfrac{a_8}{a_1}$의 값은? [4점]

① 91 ② 92 ③ 93 ④ 94 ⑤ 95

1) 등차, 등비, 부분수열 …
$n=1 \Rightarrow a_1, \Box$ $n=2 \Rightarrow a_2 = \Box$ …

3), 4) $n=1 \Rightarrow \begin{cases} a_2 = a_2 \times a_1 + 1 \\ a_3 = a_2 \times a_1 - 2 \end{cases} \Rightarrow \begin{cases} a_2 = \frac{1}{1-a_1} , \frac{a_1}{1-a_1} + 1 \\ a_3 = \frac{a_1}{1-a_1} - 2 \end{cases}$ $n=2 \Rightarrow \begin{cases} a_4 = a_2 \times a_2 + 1 \\ a_5 = a_2 \times a_2 - 2 \end{cases} \Rightarrow \begin{cases} a_4 = \frac{1}{(1-a_1)^2} + 1 \\ a_5 = \frac{1}{(1-a_1)^2} - 2 \end{cases}$ 계산

$\Rightarrow a_2 - a_3 = 3$ 규칙성 $\Rightarrow a_4 - a_5 = 3$ 규칙성

$n=3 \Rightarrow \cdots$ $\boxed{a_{2n} - a_{2n+1} = 3}$

5) +3) +4)
$a_8 - a_{15} = \underbrace{a_8 - a_9}_{3} + a_9 - a_{10} + \underbrace{a_{10} - a_{11}}_{3} + a_{11} - a_{12} + \underbrace{a_{12} - a_{13}}_{3} + a_{13} - a_{14} + \underbrace{a_{14} - a_{15}}_{3}$

$= 12 + a_9 - a_{10} + a_{11} - a_{12} + a_{13} - a_{14}$ $\boxed{a_{2n+1} - a_{2n+2} = ?}$

$a_{2n+1} - a_{2n+2} = (a_2 \times a_n - 2) - (a_2 \times a_{n+1} + 1) = a_2(a_n - a_{n+1}) - 3$ 첨자 낮아짐 꼴

$\Rightarrow a_8 - a_{15} = 12 + a_2(a_4 - a_5) - 3 + a_2(a_5 - a_6) - 3 + a_2(a_6 - a_7) - 3$

$= 3 + 6a_2 + a_2(a_5 - a_6) = 3 + 6a_2 + a_2[a_2(a_2 - a_3) - 3]$

∴ $a_8 - a_{15} = 3a_2^2 + 3a_2 + 3 = 63$

$\Rightarrow a_2^2 + a_2 - 20 = 0$, $(a_2 - 4)(a_2 + 5) = 0$ ∴ $a_2 = 4$ ① 또는 $a_2 = -5$ ②

① +2) $a_2 = 4 \Rightarrow 4 = 4 \times a_1 + 1$ ∴ $a_1 = \frac{3}{4}$ ② +2) $a_2 = -5 \Rightarrow -5 = -5 a_1 + 1$ ∴ $a_1 = \frac{6}{5}$ ✗

6) +5) +3)
$a_2 = \frac{1}{1-a_1} = 4$, $a_3 = a_2 \times a_1 - 2 = 1$, $a_4 = a_2 \times a_2 + 1 = 17$

∴ $a_8 = a_2 \times a_4 + 1 = 69$

∴ $\dfrac{a_8}{a_1} = 69 \times \dfrac{4}{3} = 92$

(나형)

20. 실수 $a(a>1)$에 대하여 함수 $f(x)$를

$$f(x) = (x+1)(x-1)(x-a)$$

라 하자. 함수

$$g(x) = x^2 \int_0^x f(t)\,dt - \int_0^x t^2 f(t)\,dt$$

가 오직 하나의 극값을 갖도록 하는 a의 최댓값은? [4점]

① $\dfrac{9\sqrt{2}}{8}$ ② $\dfrac{3\sqrt{6}}{4}$ ③ $\dfrac{3\sqrt{2}}{2}$ ④ $\sqrt{6}$ ⑤ $2\sqrt{2}$

2) +1)

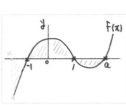
$f(x)$ → 서로 다른 세 실근   → 극값을 가짐

3) $g(0) = 0$, $g'(x) = 2x \int_0^x f(t)\,dt$

4) +3) +2)
$g'(x)$: 부호 변화 딱 한 번

$g'(x) = 2x \times \int_0^x f(t)\,dt \Rightarrow 2x \begin{cases} \oplus & (x>0) \\ \ominus & (x<0) \end{cases}$ $x=0$ 에서 부호변화

$\int_0^x f(t)\,dt$: $x=\alpha$ 에서 $x=-1$ 까지
x축과 $f(x)$로 둘러싸인 넓이와 $x=-1$에서 $x=0$까지 x축과 $f(x)$로 둘러싸인 넓이가 같아지는 $x=\alpha$ 존재.

$\Rightarrow \int_0^x f(t)\,dt = \begin{cases} \oplus & (x<\alpha) \\ 0 & (x=\alpha) \\ \ominus & (\alpha<x<0) & -1<x<0 \text{ 에서 } f(x)>0, \; x<0 \\ 0 & (x=0) & x=0 \\ \oplus & (0<x\leq1) \\ ? & (1<x<a) \\ ? & (a\leq x) \end{cases}$ $x<\alpha$에서 $f(x)<0$, $x<0$

$x=\alpha$ 기준 부호 변화 반드시 일어남

∴ $0<x$에서 $\int_0^x f(t)\,dt \geq 0$

∴ $\int_0^a f(t)\,dt \geq 0$ $x=a$일 때 $f(x) \geq 0$, $\int_0^x f(t)\,dt \geq 0$

$\Rightarrow \int_0^a (t^3 - at^2 - t + a)\,dt = \left[\frac{1}{4}t^4 - \frac{a}{3}t^3 - \frac{1}{2}t^2 + at\right]_0^a = -\frac{1}{12}a^4 + \frac{1}{2}a^2 \geq 0$

∴ $a^2 - 6 \leq 0$

∴ $1 < a \leq \sqrt{6}$

∴ a의 최댓값 $= \sqrt{6}$

일익일손

(나형)

30. 함수 $f(x)$는 최고차항의 계수가 1인 삼차함수이고,
함수 $g(x)$는 일차함수이다. 함수 $h(x)$를

$$h(x)=\begin{cases}|f(x)-g(x)| & (x<1) \\ f(x)+g(x) & (x\geq 1)\end{cases}$$

이라 하자. 함수 $h(x)$가 실수 전체의 집합에서 미분가능하고,
$h(0)=0$, $h(2)=5$일 때, $h(4)$의 값을 구하시오. 〔4점〕

4 : 39

1)
$f(x)=x^3+ax^2+bx+c$: 증가, 점대칭   2) $g(x)=px+q$, / / : 직선

4) +3)
$h(x)=\begin{cases}|f-g| & (x<1) \\ f+g & (x\geq 1)\end{cases}$: 미가 $\Rightarrow$ $x<1$에서 미가 $\Rightarrow$ $|f-g|$: $(x<1)$에서 미가 + $|f-g|'(x=1)=(f+g)'(x=1)$ ②

① +1)+2)
$\begin{cases}f-g=x^3+ax^2+(b-p)x+(c-q) \\ |f-g| : \text{미가} \ (x<1)\end{cases}$ $\Rightarrow$
$\Rightarrow f-g\leq 0 \ (x<1)$
$\Rightarrow |f-g|=g-f \ (x<1)$

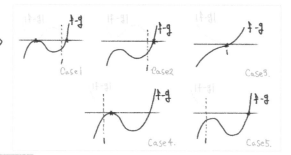

∴ $h(x)=\begin{cases}g-f & (x<1) \\ g(1)-f(1)=f(1)+g(1) & (x=1) \\ f+g & (x>1)\end{cases}$ $\Rightarrow f(1)=0$

② $(g-f)'(1)=(f+g)'(1) \Rightarrow g'(1)-f'(1)=f'(1)+g'(1)$ ∴ $f'(1)=0$ $\Rightarrow$ $f(x)=(x-1)^2(x-c)$

5) +4)
$h(0)=g(0)-f(0)=0$ ∴ $g(0)=q=-c$

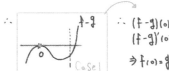 $\begin{cases}(f-g)(0)=0 \\ (f-g)'(0)=0\end{cases}$
$\Rightarrow f'(0)=g'(0) \Rightarrow 2c+1=p$

6) +5) +4) +2)
$h(2)=f(2)+g(2)=5 \Rightarrow (2-c)+2p+q=5$ ∴ $2p+q=3+2c \Rightarrow p=\frac{3}{2}+c$
∴ $2c+1=p=\frac{3}{2}+c \Rightarrow c=\frac{1}{2}, \ p=2, \ q=-\frac{1}{2}$
∴ $f(x)=(x-1)^2(x-\frac{1}{2}), \ g(x)=2x-\frac{1}{2}$

7) +6)
$h(4)$: $h(x)$ 식을 구하고 $x=4$ 대입.
∴ $h(4)=f(4)+g(4)=9\times\frac{7}{2}+8-\frac{1}{2}=39$

2 / 2

수학 영역

제 2 교시

가 형   성명 □ 수험 번호 □□□□ — □□□□

(가형)

21. 닫힌구간 $[-2\pi, 2\pi]$ 에서 정의된 두 함수

$$f(x) = \sin kx + 2, \quad g(x) = 3\cos 12x$$

에 대하여 다음 조건을 만족시키는 자연수 k의 개수는? [4점]

> 실수 a가 두 곡선 $y = f(x)$, $y = g(x)$의 교점의 y좌표이면
> $$\{x | f(x) = a\} \subset \{x | g(x) = a\}$$
> 이다.

① 3   ② 4   ③ 5   ④ 6   ⑤ 7

2) 주기: $\frac{2\pi}{k}$ 최댓값:3 최솟값:1 대칭성

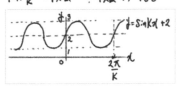

3) 주기: $\frac{2\pi}{12} = \frac{\pi}{6}$ 최댓값:3 최솟값:-3 대칭성

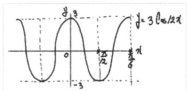

5) +3) +2)

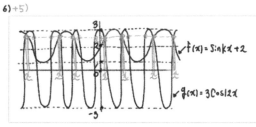
$f(x) = \sin kx + 2$
$g(x) = 3\cos 12x$

6) +5)

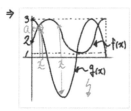
$f(x) = \sin kx + 2$
$g(x) = 3\cos 12x$

→ $f(x)$와 영역 두기가 접점이 된다면

→ $f(x)$의 반주기와 $g(x)$의 주기가 겹친다요

∴ $\frac{\pi}{k} = \frac{\pi}{6} \times n$ (n은 자연수)

∴ $\boxed{k = 1, 2, 3, 6. \ 4개}$

(나형)

20. 실수 전체의 집합에서 연속인 두 함수 $f(x)$, $g(x)$가 모든 실수 x에 대하여 다음 조건을 만족시킨다.

> (가) $f(x) \geq g(x)$
> (나) $f(x) + g(x) = x^2 + 3x$
> (다) $f(x)g(x) = (x^2 + 1)(3x - 1)$

$\displaystyle\int_0^2 f(x)dx$의 값은? [4점]

① $\dfrac{23}{6}$ ② $\dfrac{13}{3}$ ③ $\dfrac{29}{6}$ ④ $\dfrac{16}{3}$ ⑤ $\dfrac{35}{6}$

2) $f(x) - g(x) \geq 0$

3) $f(x) + g(x) = x(x+3)$

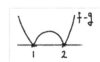

4) +3) +2)

$(f-g)^2 = (f+g)^2 - 4fg = x^4 + 6x^3 + 9x^2 - 4(x^2+1)(3x-1) = x^4 - 6x^3 + 13x^2 - 12x + 4$
$= (x-1)(x^3 - 5x^2 + 8x - 4) = (x-1)^2(x-2)^2$

→ $f(x) - g(x) = |(x-1)(x-2)|$

5) +4) +3)

$\int_0^2 f(x)dx$: 정적분 ⇒ $f(x)$ 식 구하기 또는 정적분 합·차 성질 사용.

ex) $\int_0^2 (f+g)dx + \int_0^2 (f-g)dx = 2\int_0^2 f\,dx$

⇒ ① $x < 1$ 또는 $x > 2$
$f - g = x^2 - 3x + 2$
$+\ f + g = x^2 + 3x$
$2f = 2x^2 + 2$
∴ $f = x^2 + 1$
$g = 3x - 1$

② $1 \leq x \leq 2$
$f - g = -x^2 + 3x - 2$
$+\ f + g = x^2 + 3x$
$2f = 6x - 2$
∴ $f = 3x - 1$
$g = x^2 + 1$

∴ $\int_0^2 f(x)dx = \int_0^1 (x^2+1)dx + \int_1^2 (3x-1)dx$
$= \left[\frac{1}{3}x^3 + x\right]_0^1 + \left[\frac{3}{2}x^2 - x\right]_1^2 = \frac{4}{3} + 4 - \frac{1}{2}$

∴ $\boxed{\int_0^2 f(x)dx = \frac{29}{6}}$

$\frac{1}{2}$

(나형)

21. 수열 $\{a_n\}$은 모든 자연수 n에 대하여

$$a_{n+2} = \begin{cases} 2a_n + a_{n+1} & (a_n \le a_{n+1}) \\ a_n + a_{n+1} & (a_n > a_{n+1}) \end{cases}$$

을 만족시킨다. $a_3 = 2$, $a_6 = 19$가 되도록 하는 모든 a_1의 값의 합은? [4점]

① $-\dfrac{1}{2}$ ② $-\dfrac{1}{4}$ ③ 0 ④ $\dfrac{1}{4}$ ⑤ $\dfrac{1}{2}$

1) 등차, 등비, 부분합…

$n=1 \Rightarrow a_1 = \square$, $n=2 \Rightarrow a_2 = \square$ …

3) +2)+1)

$a_5 = \begin{cases} 2a_1 + a_2 & (a_1 \le a_2) \\ a_1 + a_2 & (a_1 > a_2) \end{cases} \Rightarrow \begin{cases} 2a_1 + a_2 = 2 & (a_1 \le a_2) \\ a_1 + a_2 = 2 & (a_1 > a_2) \end{cases}$

4) +3)

$a_6 = \begin{cases} 2a_4 + a_5 & (a_4 \le a_5) \\ a_4 + a_5 & (a_4 > a_5) \end{cases} \Rightarrow \begin{cases} 2a_4 + a_5 = 19 & (a_4 \le a_5) - ① \\ a_4 + a_5 = 19 & (a_4 > a_5) - ② \end{cases}$

① $a_4 \le a_5$

$a_5 = \begin{cases} 2a_3 + a_4 = 4 + a_4 & (a_3 \le a_4) \\ a_3 + a_4 = 2 + a_4 & (a_3 > a_4) \end{cases}$ $\Rightarrow a_6 = 19 = 2a_4 + a_5 = 3a_4 + 7$ $\therefore \boxed{\begin{array}{c} a_4 = 5 \\ a_5 = 9 \end{array}}$

$\Rightarrow a_6 = 19 = 2a_4 + a_5 = 3a_4 + 2$ $\therefore a_4 = \dfrac{17}{3}$ ✗

$\Rightarrow a_4 = 5 \begin{cases} 2a_2 + a_3 = 2a_2 + 2 & (a_2 \le a_3) \\ a_2 + a_3 = a_2 + 2 & (a_2 > a_3) \end{cases} \Rightarrow a_2 = \dfrac{3}{2} < \dfrac{} {}$ 또는 $a_2 = 3 > \dfrac{}{}$ ✓

$\Rightarrow a_3 = 2 \begin{cases} 2a_1 + a_2 = 2a_1 + \dfrac{3}{2} & (a_1 \le a_2) \\ a_1 + a_2 = a_1 + \dfrac{3}{2} & (a_1 > a_2) \end{cases} \Rightarrow a_1 = \dfrac{1}{4} < \dfrac{}{}$ 또는 $a_1 = \dfrac{1}{2}$ ✓

$\begin{cases} 2a_1 + a_2 = 2a_1 + 3 & (a_1 \le a_2) \\ a_1 + a_2 = a_1 + 3 & (a_1 > a_2) \end{cases} \Rightarrow a_1 = -\dfrac{1}{2}$ 또는 $a_1 = -1 < 3$ ✗

$\therefore$ (가능한 a_1) $= \dfrac{1}{4}, -\dfrac{1}{2}$

$\therefore$ (모든 a_1의 값의 합) $= \boxed{-\dfrac{1}{4}}$

(나형)

30. 삼차함수 $f(x)$가 다음 조건을 만족시킨다.

(가) $f(1) = f(3) = 0$
(나) 집합 $\{x \mid x \ge 1$이고 $f'(x) = 0\}$의 원소의 개수는 1이다.

상수 a에 대하여 함수 $g(x) = |f(x)f(a-x)|$가 실수 전체의 집합에서 미분가능할 때, $\dfrac{g(4a)}{f(0) \times f(4a)}$의 값을 구하시오. [4점]   답: 105

1)
$f(x) = px^3 + qx^2 + rx + s$  설혜정 …

2) +1)
$f(x) = p(x-1)(x-3)(x-t)$ $p > 0$ / $p < 0$

3) +2)
$f(x) = p(x-1)(x-3)(x-t)$  $\boxed{t < 1}$

4) +3)
$f(a-x) = p(a-x-1)(a-x-3)(a-x-t) = -p(x-a+1)(x-a+3)(x-a+t)$

$\Rightarrow g(x) = |-p^2(x-1)(x-3)(x-t)(x-a+1)(x-a+3)(x-a+t)|$

↳ 6차의 그래프는 복잡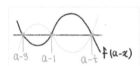

5) +4)
$g(x) = |$다항함수$|$이 $\cdots$가 $\Rightarrow$ 다항함수의 모든 근이 최소한 중근

$\Rightarrow -p^2(x-1)(x-3)(x-t)(x-a+1)(x-a+3)(x-a+t) = 0 : x = t < 1, 3, a-3, a-1 < a-t$

$\therefore \begin{array}{ccc} t < & 1 & 3 \\ & a-3 & a-1 \quad a-t \end{array}$ 서로 같다. 서로 같다.

$\therefore a = 2, t = -1$

6) +5)
$\dfrac{g(8)}{f(0) \times f(8)}$: $f(x), g(x)$ 식 구하고 대입

$\Rightarrow f(x) = p(x-1)(x-3)(x+1)$, $g(x) = |-p^2(x-1)^2(x-3)^2(x+1)^2|$

$\therefore f(0) = 3p$, $f(8) = p \times 7 \times 5 \times 9$, $g(8) = |-p^2 \times 7^2 \times 5^2 \times 9^2|$

$\therefore \dfrac{g(8)}{f(0) \times f(8)} = \dfrac{p^2 \times 7^2 \times 5^2 \times 9^2}{3p \times p \times 7 \times 5 \times 9} = 105$

가 형

성명 [ ] 수험 번호 [ ][ ][ ][ ][ ][ ] — [ ][ ][ ][ ]

(가형)

21. 수열 $\{a_n\}$의 일반항은

$$a_n = \log_2 \sqrt{\frac{2(n+1)}{n+2}}$$

이다. $\sum_{k=1}^{m} a_k$의 값이 100 이하의 자연수가 되도록 하는 모든 자연수 m의 값의 합은? [4점]

① 150 ② 154 ③ 158 ④ 162 ⑤ 166

1) 〈풀이. 등비. 부분수〉...
〈n=1 ⇒ a_1 = ☐. n=2 ⇒ a_2 = ☐. ...

2) +1)
$a_n = \log_2 \sqrt{\frac{2(n+1)}{n+2}} = \log_2 \left(\frac{2(n+1)}{n+2}\right)^{\frac{1}{2}} = \frac{1}{2}\log_2\left(\frac{2(n+1)}{n+2}\right)$ ⇒ $a_1 = \frac{1}{2}\log_2\frac{2\times2}{3}$, $a_2 = \frac{1}{2}\log_2\frac{2\times3}{4}$

3) +2)
$\sum_{k=1}^{m} a_k = a_1 + a_2 + a_3 + \cdots + a_m = \frac{1}{2}\log_2\frac{2\times2}{3} + \frac{1}{2}\log_2\frac{2\times3}{4} + \frac{1}{2}\log_2\frac{2\times4}{5} + \cdots + \frac{1}{2}\log_2\frac{2(m+1)}{m+2}$

$= \frac{1}{2}\left(\log_2\left(\frac{2\times2}{3}\times\frac{2\times3}{4}\times\frac{2\times4}{5}\times\cdots\times\frac{2(m+1)}{m+2}\right)\right) = \frac{1}{2}\log_2\frac{2^{m+1}}{m+2}$

4) +3)
$\sum_{k=1}^{m} a_k = \frac{1}{2}\log_2\frac{2^{m+1}}{m+2}$: 100 이하 자연수 ⇒ $\log_2\frac{2^{m+1}}{m+2} = 2, 4, 6, \cdots, 200 = 2N \ (N \le 100)$

⇒ $\frac{2^{m+1}}{m+2} = 2^{2,4,6,\cdots,200}$ ⇒ $m+2 = 2^{m-1}, 2^{m-3}, 2^{m-5}, \cdots, 2^{m-199}$ $= 2^{m+1-2N}$

⇒ $m=2$ $4 = 2^2 = 2^{2-1}, 2^{2-3}, \cdots$ ✗

$m=6$ $8 = 2^3 = 2^{6-1}, \textcircled{2^{6-3}}, \cdots$

$m=14$ $16 = 2^4 = 2^{14-1}, \cdots$ ✗

$m=30$ $32 = 2^5 = 2^{30-1}, 2^{30-3}, \cdots, \textcircled{2^{30-25}}, \cdots$

$m=62$ $64 = 2^6 = 2^{62-1}, 2^{62-3}, \cdots$ ✗

$m=126$ $128 = 2^7 = 2^{126-1}, \cdots, \textcircled{$2^{126-121}$}$

$m=254$ $256 = 2^8 = 2^{254-1}, 2^{254-3}, \cdots$ ✗

$m=510$ $512 = 2^9 = 2^{510-1}, \cdots 2^{512-503}$, ✗
⋮

∴ $m = 6, 30, 126$

∴ (모든 m을 합한 값) = 162

(나형)

21. 두 곡선 $y = 2^x$과 $y = -2x^2 + 2$가 만나는 두 점을 (x_1, y_1), (x_2, y_2)라 하자. $x_1 < x_2$일 때, 〈보기〉에서 옳은 것만을 있는 대로 고른 것은? [4점]

〈 보 기 〉

ㄱ. $x_2 > \frac{1}{2}$

ㄴ. $y_2 - y_1 < x_2 - x_1$

ㄷ. $\frac{\sqrt{2}}{2} < y_1 y_2 < 1$

① ㄱ ② ㄱ, ㄴ ③ ㄱ, ㄷ
④ ㄴ, ㄷ ⑤ ㄱ, ㄴ, ㄷ

1), 2), 3)
"곡선" → 그래프 그리기

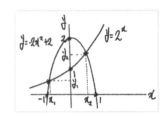

ㄱ.
4) +3)+2)+1)
$x_2 > \frac{1}{2}$
⇒ $x_2 - \frac{1}{2} > 0$
{ 그래프 } →

⇒ $-2\times\left(\frac{1}{2}\right)^2 + 2 > 2^{\frac{1}{2}}$ 이므로 그래프를 따라 $x_2 > \frac{1}{2}$

ㄱ. 참

ㄴ.
5) +3)+2)+1)
$y_2 - y_1 < x_2 - x_1$
⇒ $\frac{y_2 - y_1}{x_2 - x_1} < 1$ 〈기울기 1인 선분〉

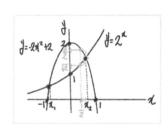

⇒ $(x_1, y_1) \sim (x_2, y_2)$ 선분 기울기
∧
$(-1, 0) \sim (1, 2)$ 선분 기울기
ㄴ. 참

ㄷ.
6) +4)
"그래프 교점" ⇒ 대입
⇒ $y_1 = 2^{x_1}$, $y_2 = 2^{x_2}$
⇒ $\frac{\sqrt{2}}{2} < 2^{x_1}\cdot 2^{x_2} < 1$
⇒ $\frac{\sqrt{2}}{2} < 2^{x_1 + x_2} < 1$
⇒ $-\frac{1}{2} < x_1 + x_2 < 0$

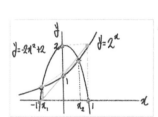

x_1, x_2의 범위 3가지 ⇒ $-1 < x_1 < -\frac{\sqrt{2}}{2}$, $\frac{1}{2} < x_2 < \frac{\sqrt{2}}{2}$
⇒ $-1 + \frac{1}{2} < x_1 + x_2 < -\frac{\sqrt{2}}{2} + \frac{\sqrt{2}}{2}$ ∴ $-\frac{1}{2} < x_1 + x_2 < 0$
⇒ $2^{-\frac{1}{2}} < 2^{x_1 + x_2} < 2^0$ ∴ $\frac{\sqrt{2}}{2} < y_1 y_2 < 1$
ㄷ. 참

1 / 2

(나형)

30. 이차함수 $f(x)$는 $x=-1$에서 극대이고,
삼차함수 $g(x)$는 이차항의 계수가 0이다. 함수

$$h(x) = \begin{cases} f(x) & (x \le 0) \\ g(x) & (x > 0) \end{cases}$$

이 실수 전체의 집합에서 미분가능하고 다음 조건을 만족시킬 때, $h'(-3)+h'(4)$의 값을 구하시오. [4점]

> (가) 방정식 $h(x)=h(0)$의 모든 실근의 합은 1이다.
> (나) 닫힌구간 $[-2,3]$에서 함수 $h(x)$의 최댓값과 최솟값의
> 차는 $3+4\sqrt{3}$이다.

답 : 38

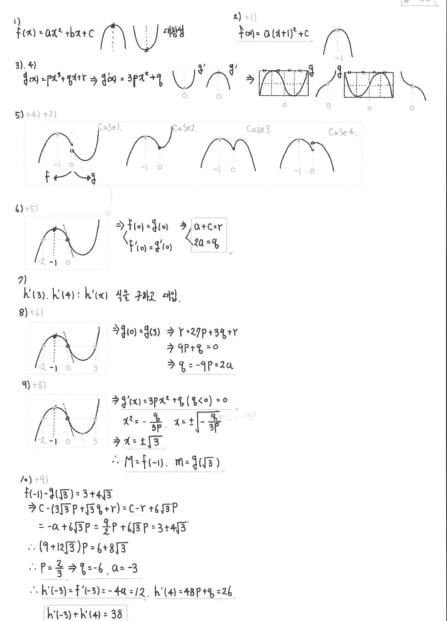

1)
$f(x) = ax^2 + bx + C$ 대칭성

2) +1)
$f(x) = a(x+1)^2 + C$

3), 4)
$g(x) = px^3 + qx + r \Rightarrow g'(x) = 3px^2 + q$

5) +4) +2)
Case 1.   Case 2.   Case 3   Case 4.
$f \leftarrow \rightarrow g$

6) +5)
$\Rightarrow f(0) = g(0)$ $a+C = r$
$f'(0) = g'(0)$ $2a = q$

7)
$h'(3), h'(4) : h'(x)$ 식을 구하고 대입.

8) +6)
$\Rightarrow g(0) = g(3) \Rightarrow r = 27p + 3q + r$
$\Rightarrow 9p + q = 0$
$\Rightarrow q = -9p = 2a$

9) +8)
$\Rightarrow g'(x) = 3px^2 + q \ (q<0) = 0$
$x^2 = -\frac{q}{3p} \quad x = \pm \sqrt{-\frac{q}{3p}}$
$\Rightarrow x = \pm\sqrt{3}$
$\therefore M = f(-1), \ m = g(\sqrt{3})$

10) +9)
$f(-1) - g(\sqrt{3}) = 3 + 4\sqrt{3}$
$\Rightarrow C - (3\sqrt{3}p + \sqrt{3}q + r) = C - r + 6\sqrt{3}p$
$= -a + 6\sqrt{3}p = \frac{9}{2}p + 6\sqrt{3}p = 3 + 4\sqrt{3}$
$\therefore (9 + 12\sqrt{3})p = 6 + 8\sqrt{3}$
$\therefore p = \frac{2}{3} \Rightarrow q = -6, \ a = -3$
$\therefore h'(-3) = f'(-3) = -4a = 12, \ h'(4) = 48p + q = 26$
$\boxed{h'(-3) + h'(4) = 38}$

가　형　　성명　　수험 번호 □□□□□ — □□□□

(나형)

20. 함수

$$f(x) = \begin{cases} -x & (x \le 0) \\ x-1 & (0 < x \le 2) \\ 2x-3 & (x > 2) \end{cases}$$

와 상수가 아닌 다항식 $p(x)$에 대하여 〈보기〉에서 옳은 것만을 있는 대로 고른 것은? [4점]

─── 〈 보 기 〉 ───

ㄱ. 함수 $p(x)f(x)$가 실수 전체의 집합에서 연속이면 $p(0) = 0$이다.

ㄴ. 함수 $p(x)f(x)$가 실수 전체의 집합에서 미분가능하면 $p(2) = 0$이다.

ㄷ. 함수 $p(x)\{f(x)\}^2$이 실수 전체의 집합에서 미분가능하면 $p(x)$는 $x^2(x-2)^2$으로 나누어떨어진다.

① ㄱ　　② ㄱ, ㄴ　　③ ㄱ, ㄷ
④ ㄴ, ㄷ　　⑤ ㄱ, ㄴ, ㄷ

1)
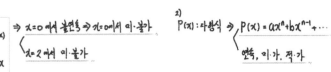
→ $x=0$에서 불연속 → 거기에서 미불가
→ $x=2$에서 미불가

2) $P(x)$: 다항식
$P(x) = ax^n + bx^{n-1} + \cdots$
연속, 미가, 적가

ㄱ.
3) +2) +1)
$P(x) \times f(x) \Rightarrow P(x) \times f(x)$: $x=0$에서 연속 ⇒ $\lim_{x \to 0} P(x) \times f(x) = \lim_{x \to 0+} P(x) \times f(x) = P(0) \times f(0)$
연속 $\quad$ $x=0$ 불연속
$P(0) \times 0 = 0 \quad P(0) \times (-1) \quad P(0) \times 0 \Rightarrow P(0) = 0$
ㄱ. 참

ㄴ.
4) +3) +2) +1)
$P(x) \times f(x)$: 미가 ⇒ $P(x) \times f(x)$: $x=0, x=2$에서 미가 → 연속 $P(0) = 0$
미가 → $x=0, x=2$에서 미불가
① $x=0$. 미가
$\lim_{x \to 0} \frac{P(x)f(x) - P(0)f(0)}{x - 0} = \lim_{x \to 0} \frac{P(x)f(x)}{x}$: 존재
⇒ $\lim_{x \to 0} P(x)f(x) = 0$, $P(0) = 0$, $P(x) = x(ax^{n-1} + \cdots)$ ⇒ $\lim_{x \to 0} (ax^{n-1} + \cdots) f(x)$: 존재
⇒ $g(0+)f(0+) = g(0-)f(0-)$ ⇒ $g(0) = 0$, $g(x) = x(ax^{n-2} + \cdots)$ ⇒ $P(x) = x^2(ax^{n-2} + \cdots)$
② $x=2$. 미가
$\lim_{x \to 2} \frac{P(x)f(x) - P(2)f(2)}{x - 2}$: 존재
⇒ $\lim_{x \to 2+} \frac{P(x)f(x) - P(2)f(2)}{x-2} = \lim_{x \to 2-} \frac{P(x)f(x) - P(2)f(2)}{x-2}$ ⇒ $(P(x) \times f(x))'_{(x=2-)} = (P(x) \times f(x))'_{(x=2+)}$
∴ $P'(2)f(2-) + P(2)f'(2-) = P'(2)f(2+) + P(2)f'(2+)$ ∴ $P(2) = 0$ ㄴ. 참

ㄷ.
5) +4) +3) +2) +1)
$\{f(x)\}^2 = \begin{cases} x^2 & (x \le 0) \\ x^2 - 2x + 1 & (0 < x \le 2) \\ 4x^2 - 12x + 9 & (2 < x) \end{cases}$: $x=0$ 연속 → "ㄴ"과 ∴ $P(0) = P(2) = 0$
$x=2$ 미불가 $\quad$ 같은 방법으로 ⇒ $P(x) = x(x-2)(ax^{n-2} + \cdots)$ ㄷ.(거짓) 1/2

(나형)

21. 수열 $\{a_n\}$이 모든 자연수 n에 대하여 다음 조건을 만족시킨다.

(가) $a_{2n} = a_n - 1$
(나) $a_{2n+1} = 2a_n + 1$

$a_{20} = 1$일 때, $\sum_{n=1}^{63} a_n$의 값은? [4점]

① 704　② 712　③ 720　④ 728　⑤ 736

1) 등차. 등비. 부분분수
$n=1 \Rightarrow a_1 = \square$, $n=2 \Rightarrow a_2 = \square$ ...

2) +1)
$a_2 = a_1 - 1$, $a_4 = a_2 - 1 = a_1 - 2$, $a_6 = a_3 - 1$, ... 대입

3) +2) +1)
$a_3 = 2a_1 + 1$, $a_5 = 2a_2 + 1$, ... 대입
$a_{2n} + a_{2n+1} = 3a_n$, $\ a_{2n} - a_{2n+1} = -2$
첨자 작아짐 $\quad$ 상수 $\quad$ "규칙성"

4) +3) +2)
$a_{20} = a_{10} - 1 = 1 \Rightarrow a_{10} = 2 \rightsquigarrow a_{21} = 5$
$a_{10} = a_5 - 1 = 2 \Rightarrow a_5 = 3 \quad a_{11} = 7$
$a_5 = 2a_2 + 1 = 3 \Rightarrow a_2 = 1 \quad a_3 = 0$
$a_2 = a_1 - 1 = 1 \Rightarrow a_1 = 2 \quad a_3 = 5$

5) +4) +3) +2)
$\sum_{n=1}^{63} a_n = a_1 + a_2 + a_3 + \cdots + a_{63}$
$= a_1 + (a_2 + a_3) + (a_4 + a_5) + \cdots + (a_{62} + a_{63})$
$= a_1 + 3(a_1 + a_2 + \cdots + a_{31})$
$= a_1 + 3a_1 + 9(a_1 + \cdots + a_{15})$
$= 4a_1 + 9a_1 + 27(a_1 + \cdots + a_7)$
$= 13a_1 + 27a_1 + 81(a_1 + a_2 + a_3)$
$= 121a_1 + 243a_1 = 364a_1$

∴ $\sum_{n=1}^{63} a_n = 364 \times 2 = 728$

(나형)

30. 최고차항의 계수가 양수인 삼차함수 $f(x)$가 다음 조건을 만족시킨다.

> (가) 방정식 $f(x)-x=0$의 서로 다른 실근의 개수는 2이다.
> (나) 방정식 $f(x)+x=0$의 서로 다른 실근의 개수는 2이다.

$f(0)=0$, $f'(1)=1$일 때, $f(3)$의 값을 구하시오. [4점]

답:51

1)
$f(x)=ax^3+bx^2+cx+d \ (a>0)$

 : 증가 접대칭

2) +1)
$ax^3+bx^2+(c-1)x+d=0 : 2$

너무 복잡 →

3) +2)
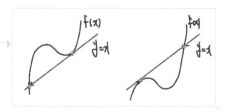

4) +3)
Case1.　　Case2.

5) +4)
Case1.
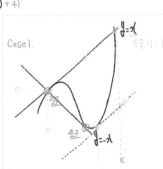
기울기1

6) +3) +1)
$f(3) : f(x)$ 식 구한뒤 $x=3$ 대입.

$\Rightarrow f(x)-x=ax^2(x-k) \ (a>0)$ ∴ $f(x)=ax^2(x-k)+x$

$\Rightarrow f'(x)=3ax^2-2akx+1$

$f'(1)=3a-2ak+1=1$ ∴ $a(3-2k)=0$

∴ $k=\dfrac{3}{2} \ (a>0)$

$\Rightarrow f(x)+x=ax^3-\dfrac{3}{2}ax^2+2x=x\left(ax^2-\dfrac{3}{2}ax+2\right)$

↳ $D=\dfrac{9}{4}a^2-8a=0$

∴ $a=\dfrac{32}{9}$

∴ $f(x)=\dfrac{32}{9}x^3-\dfrac{16}{3}x^2+x$　　∴ $f(3)=51$

2 / 2

(나형)

21. 함수 $f(x)=x^3+x^2+ax+b$ 에 대하여 함수 $g(x)$ 를

$$g(x)=f(x)+(x-1)f'(x)$$

라 하자. 〈보기〉에서 옳은 것만을 있는 대로 고른 것은?
(단, a,b 는 상수이다.) 〔4점〕

> 〈 보 기 〉
>
> ㄱ. 함수 $h(x)$ 가 $h(x)=(x-1)f(x)$ 이면 $h'(x)=g(x)$ 이다.
> ㄴ. 함수 $f(x)$ 가 $x=-1$ 에서 극값 0을 가지면
> $\int_0^1 g(x)dx=-1$ 이다.
> ㄷ. $f(0)=0$ 이면 방정식 $g(x)=0$ 은 열린 구간 $(0,1)$ 에서 적어도 하나의 실근을 갖는다.

① ㄱ   ② ㄱ, ㄴ   ③ ㄱ, ㄷ
④ ㄱ, ㄷ   ⑤ ㄱ, ㄴ, ㄷ

1)
(최고차항 계수)=1>0 : 증가, 점대칭

2)
$g(x)=(x^3+x^2+ax+b)+(x-1)(3x^2+2x+a)=4x^3+2(a-1)x+(b-a)$: 3차식. 최고차항 계수: 4>0

ㄱ.

3) +2)
$h(x)=(x-1)\times f(x)=(x-1)(x^3+x^2+ax+b)=x^4+(a-1)x^2+(b-a)x-b$
$\Rightarrow h'(x)=f(x)+(x-1)f'(x)=g(x)$ ㄱ. 참

ㄴ.
4) +3) +1)
$f(-1)=-a+b=0 \Rightarrow a=b$
$f'(-1)=3-2+a=a+1=0 \Rightarrow a=b=-1$
$\Rightarrow \int_0^1 g(x)dx=[h(x)]_0^1=h(1)-h(0)=0-(-f(0))=f(0)=-1$ ㄴ. 참

ㄷ.
5) +3)
$f(0)=b=0 \Rightarrow g(x)=h'(x)=0$ (0,1)에서 실근?
$\Rightarrow h(0)=-f(0)=0$ $h(1)=(1-1)\times f(1)=0$
$\Rightarrow$ (0,1)에서 적당한 c가 존재해 $h'(c)=0$ 롤의 정리   ㄷ. 참

(나형)

30. 최고차항의 계수가 1인 사차함수 $f(x)$ 에 대하여 네 개의 수 $f(-1)$, $f(0)$, $f(1)$, $f(2)$ 가 이 순서대로 등차수열을 이루고, 곡선 $y=f(x)$ 위의 점 $(-1,f(-1))$ 에서의 접선과 점 $(2,f(2))$ 에서의 접선이 점 $(k,0)$ 에서 만난다. $f(2k)=20$ 일 때, $f(4k)$ 의 값을 구하시오. (단, k 는 상수이다.) 〔4점〕

답: 42

1)
$f=x^4+ax^3+bx^2+cx+d$

2) +1)
$f(0)=f(-1)+t$, $f(1)=f(-1)+2t$
$\Rightarrow d=(1-a+b-c)+t$
$(1+a+b+c+d)=(1-a+b-c)+2t$
...   ㄹ. 너무 복잡

$\Rightarrow f(x)=ax+b$
$\Rightarrow f(x)-(ax+b)=0$
$x=-1,0,1,2$
$\Rightarrow f(x)-(ax+b)=(x+1)(x-0)(x-1)(x-2)$
$\therefore f(x)=x(x+1)(x-1)(x-2)+ax+b$

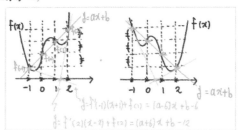

3), 4) +2)

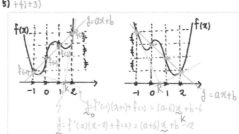

$y=f'(-1)(x+1)+f(-1)=(a-6)x+b-6$
$y=f'(2)(x-2)+f(2)=(a+6)x+b-12$

5) +4) +3)
$\Rightarrow (a-6)x+b-6=(a+6)x+b-12$
$12x=6$. $x=\frac{1}{2}$ $\therefore k=\frac{1}{2}$
$(a-6)\times\frac{1}{2}+b-6=0$
$\therefore a+2b=18$

6) +5) +2)
$f(2k)=f(1)=a+b=20$ $\Rightarrow \begin{cases} a+b=20 \\ a+2b=18 \end{cases}$ $\therefore a=22$, $b=-2$

7) +6) +5)
$f(x)=x(x-1)(x+1)(x-2)+22x-2$. $k=\frac{1}{2}$
$\therefore f(4k)=f(2)=44-2=42$

(나형)

18. 최고차항의 계수가 1인 삼차함수 $f(x)$에 대하여 함수 $g(x)$는

$$g(x) = \begin{cases} \dfrac{1}{2} & (x < 0) \\ f(x) & (x \geq 0) \end{cases}$$

이다. $g(x)$가 실수 전체의 집합에서 미분가능하고 $g(x)$의 최솟값이 $\dfrac{1}{2}$보다 작을 때, 〈보기〉에서 옳은 것만을 있는 대로 고른 것은? [4점]

〈보 기〉

ㄱ. $g(0) + g'(0) = \dfrac{1}{2}$

ㄴ. $g(1) < \dfrac{3}{2}$

ㄷ. 함수 $g(x)$의 최솟값이 0일 때, $g(2) = \dfrac{5}{2}$이다.

① ㄱ   ② ㄱ, ㄴ   ③ ㄱ, ㄷ
④ ㄴ, ㄷ   ⑤ ㄱ, ㄴ, ㄷ

1) $f(x) = x^3 + ax^2 + bx + c$

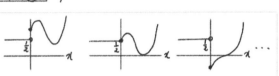 :증가, 절대칭

2)+1) $g(x) = \begin{cases} \frac{1}{2} & (x<0) \\ x^3+ax^2+bx+c & (x\geq 0) \end{cases}$

3)+2) "$x=0$" 에서 미가
$\Rightarrow \frac{1}{2} = c,\ 0 = b$
$f\left(\frac{1}{2}\right) = (x^3+ax^2+bx+c)'_{(x>0)}$
$\Rightarrow f(x) = x^3 + ax^2 + \frac{1}{2}$

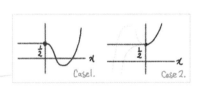
Case1.   Case 2.

4)+3)
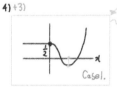
Case1.

$f(x)$가 $x>0$에서 극솟값 작은 극솟값을 갖는다.
$\Rightarrow f'(x) = 3x^2 + 2ax = x(3x+2a)\ \therefore 0 < -\frac{2}{3}a$
$\Rightarrow f\left(-\frac{2}{3}a\right) = -\frac{8}{27}a^3 + \frac{4}{9}a^3 + \frac{1}{2} = \frac{4}{27}a^3 + \frac{1}{2} < \frac{1}{2}$
$\therefore a < 0$

ㄱ.
5)+4)+3)+2) $g(0) = f(0) = \frac{1}{2},\ g'(0) = f'(0) = 0. \Rightarrow g(0) + g'(0) = \frac{1}{2}$

ㄱ. 참

ㄴ.
6)+4)+3)+2) $g(1) = f(1) = 1 + a + \frac{1}{2} = \frac{3}{2} + a < \frac{3}{2}$
           ($a<0$)

ㄴ. 참

ㄷ.
7)+4)+3)+2) $f\left(-\frac{2}{3}a\right) = \frac{4}{27}a^3 + \frac{1}{2} = 0 \Rightarrow a = -\frac{3}{2}$
$\Rightarrow g(2) = f(2) = 8 - 6 + \frac{1}{2} = \frac{5}{2}$

ㄷ. 참

(나형)

20. 다음 조건을 만족시키는 모든 다항함수 $f(x)$에 대하여 $f(1)$의 최댓값은? [4점]

$$\lim_{x \to \infty} \frac{f(x) - 4x^3 + 3x^2}{x^{n+1} + 1} = 6,\ \lim_{x \to 0} \frac{f(x)}{x^n} = 4$$인 자연수 n이 존재한다.

① 12   ② 13   ③ 14   ④ 15   ⑤ 16

1) $f(x) = ax^m + bx^{m-1} + \cdots$ 여야. 이가, 적가 $\cdots$ 2) $f(x)$ 식 작항 $\to x$에 대입.

3)+1) $\lim\limits_{x\to\infty} \dfrac{ax^m + bx^{m-1} + \cdots - 4x^3 + 3x^2}{x^{n+1} + 1} = 6$

① $n=1$
$\Rightarrow \lim\limits_{x\to\infty} \dfrac{ax^m + bx^{m-1} + \cdots - 4x^3 + 3x^2}{x^{n+1}+1} = \lim\limits_{x\to\infty} \dfrac{ax^m + bx^{m-1} + \cdots - 4x^3 + 3x^2}{x^2 + 1} = 6 \Rightarrow ax^m + bx^{m-1} + \cdots - 4x^3 + 3x^2 = 6x^2 + \cdots$
$\Rightarrow a=4,\ b=3,\ m=3 \quad \therefore f(x) = 4x^3 + 3x^2 + cx + d$

② $n=2$
$\Rightarrow$ 같은 방식으로 $a=10,\ m=3 \quad \therefore f(x) = 10x^3 + bx^2 + cx + d$

③ $n=3$
$\Rightarrow$ 같은 방식으로 $a=4,\ m=4 \quad \therefore f(x) = 4x^4 + bx^3 + cx^2 + \cdots$

④ $n=4$
$\Rightarrow$ 같은 방식으로 $a=4,\ m=5 \quad \therefore f(x) = 4x^5 + bx^4 + cx^3 + \cdots$
⋮   반복

4)+3)+2)
① $n=1$
$\Rightarrow \lim\limits_{x\to 0} \dfrac{4x^3 + 3x^2 + cx + d}{x} = 4 \quad \therefore f(x) = 4x^3 + 3x^2 + 4x \Rightarrow \boxed{f(1) = 10}$

② $n=2$
$\Rightarrow \lim\limits_{x\to 0} \dfrac{10x^3 + bx^2 + cx + d}{x^2} = 4 \quad \therefore f(x) = 10x^3 + 4x^2 \Rightarrow \boxed{f(1) = 14}$

③ $n=3$
$\Rightarrow \lim\limits_{x\to 0} \dfrac{4x^4 + bx^3 + cx^2 + \cdots}{x^3} = 4 \quad \therefore f(x) = 4x^4 + 4x^3 \Rightarrow \boxed{f(1) = 8}$

④ $n=4$
$\Rightarrow \lim\limits_{x\to 0} \dfrac{4x^5 + bx^4 + cx^3 + \cdots}{x^4} = 4 \quad \therefore f(x) = 4x^5 + 4x^4 \Rightarrow \boxed{f(1) = 8}$
⋮   반복

$\therefore \boxed{f(1) \text{의 최댓값} = 14}$

$\dfrac{1}{}\diagdown\dfrac{}{2}$

(나형)

30. 최고차항의 계수가 1이고 $f(2)=3$인 삼차함수 $f(x)$에 대하여 함수

$$g(x) = \begin{cases} \dfrac{ax-9}{x-1} & (x < 1) \\[2mm] f(x) & (x \geq 1) \end{cases}$$

이 다음 조건을 만족시킨다.

> 함수 $y=g(x)$의 그래프와 직선 $y=t$가
> 서로 다른 두 점에서만 만나도록 하는 모든 실수 t의
> 값의 집합은 $\{t \mid t = -1 \text{ 또는 } t \geq 3\}$이다.

$(g \circ g)(-1)$의 값을 구하시오. (단, a는 상수이다.) 〔4점〕

답 : 19

1) $f(x) = x^3 + ax^2 + bx + c \Rightarrow f(2) = 8 + 4a + 2b + c = 3$
$f(x) = 3 \Rightarrow f(x) - 3 = 0 \Rightarrow f(x) - 3 = (x-2)(x^2 + px + q)$
$\lfloor x = 2. 근 \rfloor \Rightarrow f(x) = (x-2)(x^2 + px + q) + 3$

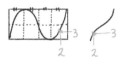

2) ↑1)

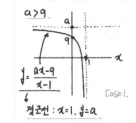

Case1.
$y = \dfrac{ax-9}{x-1}$
점근선 : $x=1, y=a$

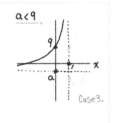

Case2.   Case3.

3) ↑2)

$a>9$ $a=9$ $a<9$

Case1.   Case2.   Case3.

4) ↑3) ↑1)

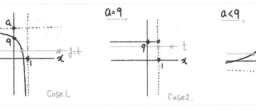

$a>9$ $a=9$ $a<9$ ① $a<0$ ②

Case1.   Case2.   Case3.   Case3.

$\Rightarrow a=3$

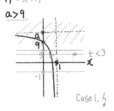

$\Rightarrow \dfrac{4}{27} \times 1 \times (\beta-\alpha)^3 = M - m = 4 \quad \therefore \beta - \alpha = 3. \Rightarrow$

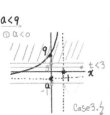

$\begin{cases} \beta=2 이면 \ \alpha = \dfrac{5}{4} \\ \beta=5. \ \alpha=2 \end{cases}$

5) ↑4) ↑1)
$g(g(-1))$: $g(x)$의 식을 구하여 $x=1$ 대입 $\Rightarrow f(x) - 3 = (x-2)^2(x-5) \quad \therefore f(x) = (x-2)^2(x-5) + 3$

$\therefore g(x) = \begin{cases} \dfrac{3x-9}{x-1} & (x<1) \\[2mm] (x-2)^2(x-5)+3 & (x \geq 1) \end{cases}$

$\therefore g(g(-1)) = g\left(\dfrac{-12}{-2}\right) = g(6) = 19$

2/2

(나형)

21. 최고차항의 계수가 1인 삼차함수 $f(x)$에 대하여 실수 전체의 집합에서 연속인 함수 $g(x)$가 다음 조건을 만족시킨다.

> (가) 모든 실수 x에 대하여 $f(x)g(x) = x(x+3)$이다.
> (나) $g(0) = 1$

$f(1)$이 자연수일 때, $g(2)$의 최솟값은? 〔4점〕

② $\dfrac{5}{13}$ ② $\dfrac{5}{14}$ ③ $\dfrac{1}{3}$ ④ $\dfrac{5}{16}$ ⑤ $\dfrac{5}{17}$

1)
$f(x) = x^3 + ax^2 + bx + c$

 :증가. 정대칭

2)
연속: $x = a$, $\lim\limits_{x \to a} f(x)g(x) = f(a) \times g(a) = a(a+3)$

3) +2) +1)
$\lim\limits_{x \to a} f(x) g(x) = f(a) \times g(a) = a(a+3)$
연속 연속

4) +3)
$\lim\limits_{x \to 0} f(x) \times g(x) = f(0) \times g(0) = 0 \times (0+3)$
$\therefore f(0) = 0, \ f(x) = x^3 + ax^2 + bx$

5) +4) +3)
$f(1) = 1 + a + b$: 자연수 $\Rightarrow a+b = 0, 1, 2, \cdots = n$ (음이 아닌 정수)

6) +5) +4)
$g(2)$의 최솟값: $g(x)$ 식을 구한 뒤 $x=2$ 대입

$\Rightarrow f(x)g(x) = x(x^2+ax+b)g(x) = x(x+3) \Rightarrow g(x) = \dfrac{x(x+3)}{x(x^2+ax+b)}$ $(x(x^2+ax+b) \neq 0)$ $f(x) \neq 0$

$\Rightarrow x(x^2+ax+b) g(x) = x(x+3)$ $\therefore x^2+ax+b = 0$ 실근 X $\Rightarrow D = a^2-4b = a^2+4a-4n < 0$

실근: 3개, 2개 1개 실근: 0, -3
$\pounds$ (x)=: 3개

$\therefore g(x) = \begin{cases} \dfrac{x+3}{x^2+ax+b} & (x \neq 0) \\ g(0) = 1 & (x=0) \end{cases}$ $\Rightarrow \lim\limits_{x\to 0} g(x) = \lim\limits_{x\to 0} \dfrac{x+3}{x^2+ax+b} = g(0) = 1$ $\therefore b = 3$

$\therefore g(2) = \dfrac{5}{4+2a+3} = \dfrac{5}{7+2a} \geqslant \dfrac{5}{7+6} = \dfrac{5}{13}$

$a^2 < 12$
$a = n-3$
$\Rightarrow -2\sqrt{3} < a < 2\sqrt{3}$
$\therefore a = \pm 3, \pm 2, \pm 1. 0$
a의 범위?

(나형)

29. 첫째항이 자연수이고 공차가 음의 정수인 등차수열 $\{a_n\}$과 첫째항이 자연수이고 공비가 음의 정수인 등비수열 $\{b_n\}$이 다음 조건을 만족시킬 때, $a_7 + b_7$의 값을 구하시오. 〔4점〕

> (가) $\displaystyle\sum_{n=1}^{5} (a_n + b_n) = 27$
> (나) $\displaystyle\sum_{n=1}^{5} (a_n + |b_n|) = 67$
> (다) $\displaystyle\sum_{n=1}^{5} (|a_n| + |b_n|) = 81$

답 :117

1)
$a_n = a_1 + (n-1)d$ a_1 : 자연수 $d<0$(정수) $\Rightarrow a_n$: 정수, 감소.

2)
$b_n = b_1 \times r^{n-1}$ b_1: 자연수 $r<0$(정수) $\Rightarrow b_n$: 정수, 부호 바뀜 ($b_1: \oplus, b_2: \ominus, b_3: \oplus, b_4: \ominus \cdots$)

4) +2) +1)
$\displaystyle\sum_{n=1}^{5} (a_n + b_n) \begin{cases} = 5 \times \dfrac{(a_1+a_5)}{2} + \dfrac{b_1(r^5-1)}{r-1} \\ = (a_1+b_1) + (a_2+b_2) + \cdots + (a_5+b_5) = (a_1 + \cdots + a_5) + (b_1 + \cdots + b_5) \end{cases} = 27$

5) +3) +2) +1)
$\displaystyle\sum_{n=1}^{5} (a_n + |b_n|) \begin{cases} = 5 \times \dfrac{(a_1+a_5)}{2} + \dfrac{b_1((-r)^5-1)}{(-r)-1} = 5 \times \dfrac{(a_1+a_5)}{2} + \dfrac{b_1(r^5+1)}{r+1} \\ = (a_1+b_1) + (a_2-b_2) + \cdots + (a_5+b_5) = (a_1 + \cdots + a_5) + (b_1 - b_4 + \cdots + b_5) \end{cases} = 67$

$\Rightarrow$ (나) − (가) $= \displaystyle\sum_{n=1}^{5} (|b_n| - b_n) = \dfrac{b_1(r^5+1)}{r+1} - \dfrac{b_1(r^5-1)}{r-1} = -2b_1 r(r^2+1) = 40$

$-2b_2 - 2b_4 = -2b_1 r - 2b_1 r^3$

$\therefore b_1 r(r^2+1) = -20$ $\Rightarrow$ $\begin{array}{c|ccc} r & \overset{①}{-1} & \overset{③}{-2} & \overset{\times}{-3} \\ \hline b_1 & 10 & 2 & \frac{2}{3} \end{array}$
자연수 자연수/정수
의 쌍

$\therefore$ ①
$\displaystyle\sum_{n=1}^{5} b_n = 10-10+10-10+10 = 10$
$\Rightarrow \displaystyle\sum_{n=1}^{5} a_n = 5 \times \dfrac{(a_1+a_5)}{2} = 17$
$\therefore a_1 + a_5 = \dfrac{34}{5}$: 정수 $\frac{5}{5}$

$\displaystyle\sum_{n=1}^{5} b_n = \dfrac{2(1+32)}{1+2} = 22$
$\Rightarrow \displaystyle\sum_{n=1}^{5} a_n = 5 \times \dfrac{(a_1+a_5)}{2} = 5$
$\therefore a_1 + a_5 = 2a_1 + 4d = 2$
$\therefore a_1 + 2d = 1$ a_3

6) +5) +4)
$\displaystyle\sum_{n=1}^{5} |b_n| = 62 \Rightarrow \displaystyle\sum_{n=1}^{5} |a_n| = 19$

$\Rightarrow |a_1| + |a_2| + |a_3| + |a_4| + |a_5| = |1-2d| + |1-d| + 1 + |1+d| + |1+2d| = 19$

$\therefore 1-2d + 1-d + 1-1-d-1-2d = 1-6d = 19$

$\therefore d = -3. \ a_1 = 7$

$\Rightarrow a_7 = 7 + 6 \times (-3) = -11$
$b_7 = 2 \times (-2)^6 = 128$

$\therefore a_7 + b_7 = 117$

일익일손

(나형)

30. 최고차항의 계수가 1인 삼차함수 $f(x)$와 최고차항의 계수가 -1인 이차함수 $g(x)$가 다음 조건을 만족시킨다.

> (가) 곡선 $y=f(x)$ 위의 점 $(0,0)$에서의 접선과 곡선 $y=g(x)$ 위의 점 $(2,0)$에서의 접선은 모두 x축이다.
>
> (나) 점 $(2,0)$에서 곡선 $y=f(x)$에 그은 접선의 개수는 2이다.
>
> (다) 방정식 $f(x)=g(x)$는 오직 하나의 실근을 가진다.

$x>0$인 모든 실수 x에 대하여

$$g(x) \leq kx-2 \leq f(x)$$

를 만족시키는 실수 k의 최댓값과 최솟값을 각각 α, β라 할 때, $\alpha-\beta = a+b\sqrt{2}$이다. a^2+b^2의 값을 구하시오. (단, a, b는 유리수이다.) 〔4점〕

답: 5

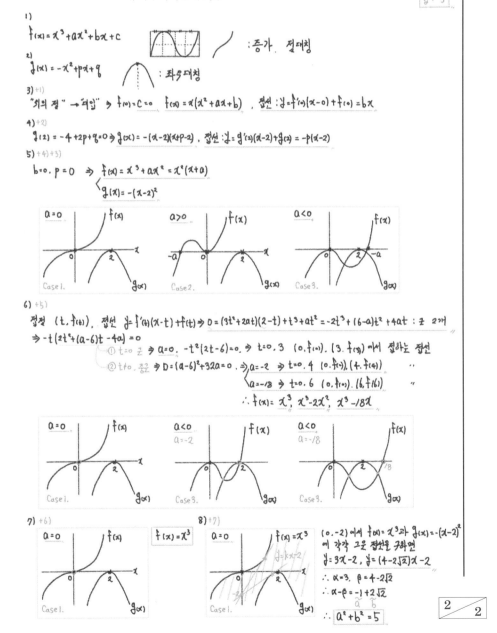

(나형)

21. 사차함수 $f(x) = x^4 + ax^2 + b$에 대하여 $x \geq 0$에서 정의된 함수

$$g(x) = \int_{-x}^{2x} \{f(t) - |f(t)|\}\, dt$$

가 다음 조건을 만족시킨다.

(가) $0 < x < 1$에서 $g(x) = c_1$ (c_1은 상수)
(나) $1 < x < 5$에서 $g(x)$는 감소한다.
(다) $x > 5$에서 $g(x) = c_2$ (c_2는 상수)

$f(\sqrt{2})$의 값은? (단, a, b는 상수이다.) [4점]

① 40   ② 42   ③ 44   ④ 46   ⑤ 48

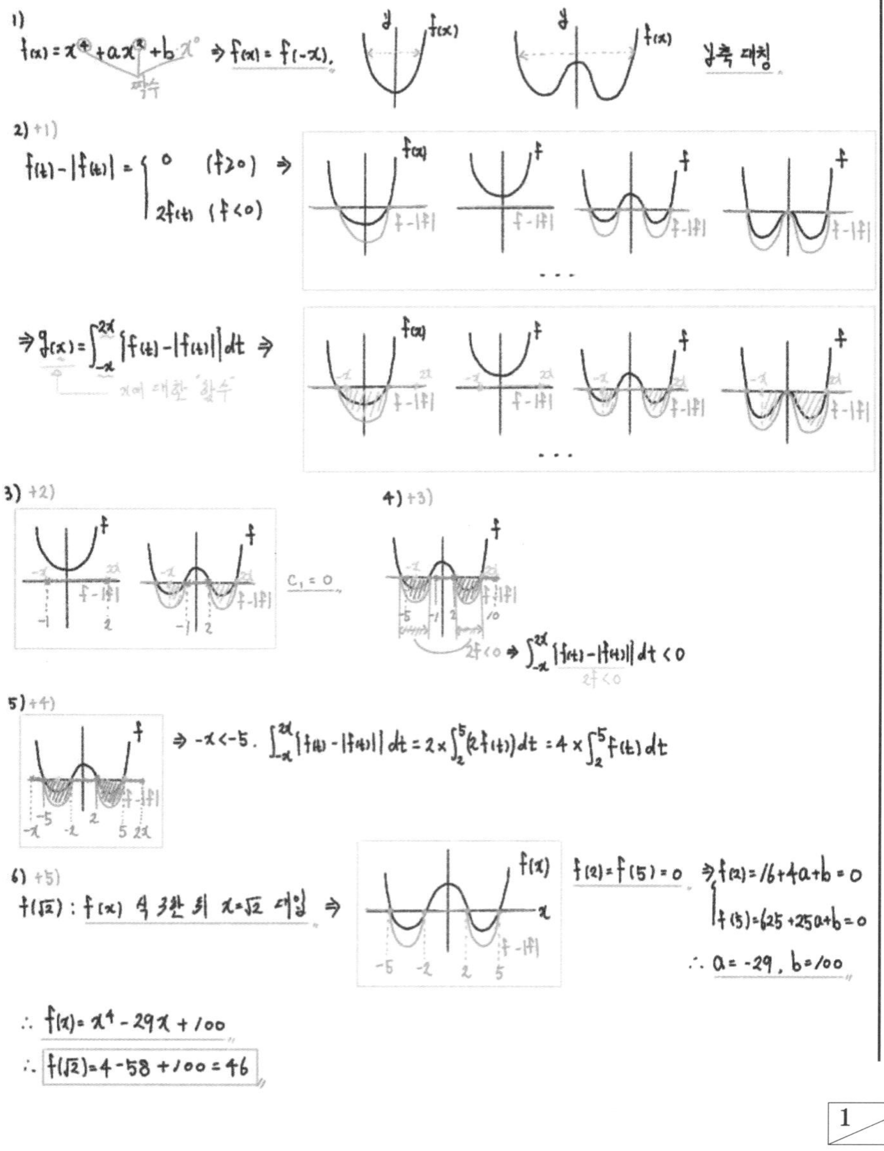

(나형)

29. 좌표평면에서 그림과 같이 길이가 1인 선분이 수직으로 만나도록 연결된 경로가 있다. 이 경로를 따라 원점에서 멀어지도록 움직이는 점 P의 위치를 나타내는 점 A_n을 다음과 같은 규칙으로 정한다.

(i) A_0은 원점이다.
(ii) n이 자연수일 때, A_n은 점 A_{n-1}에서 점 P가 경로를 따라 $\dfrac{2n-1}{25}$만큼 이동한 위치에 있는 점이다.

예를 들어, 점 A_2와 A_6의 좌표는 각각 $\left(\dfrac{4}{25}, 0\right)$, $\left(1, \dfrac{11}{25}\right)$ 이다. 자연수 n에 대하여 점 A_n 중 직선 $y = x$ 위에 있는 점을 원점에서 가까운 순서대로 나열할 때, 두 번째 점의 x좌표를 a라 하자. a의 값을 구하시오. [4점]   답:8

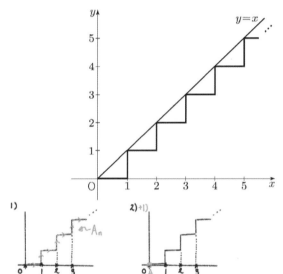

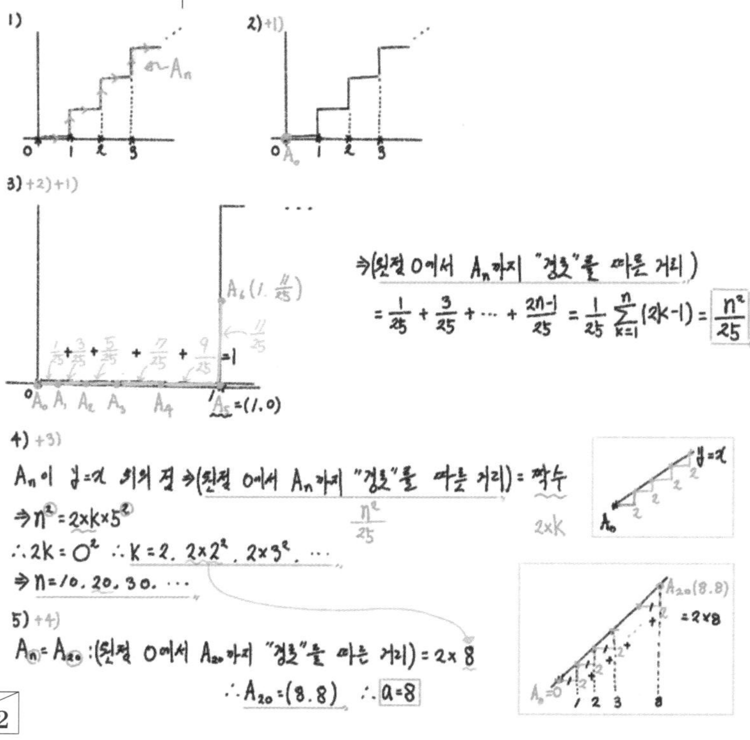

--- 풀이 (handwritten) ---

1) $f(x) = x^4 + ax^2 + b$ ⇒ $f(x) = f(-x)$. 𝑦축 대칭

2) +1) $f(t) - |f(t)| = \begin{cases} 0 & (f \geq 0) \\ 2f(t) & (f < 0) \end{cases}$

$\Rightarrow g(x) = \int_{-x}^{2x} \{f(t) - |f(t)|\}\, dt$ ⇒ x에 대한 함수

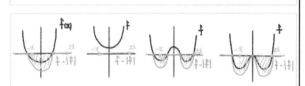

3) +2) $c_1 = 0$

$\Rightarrow \int_{-x}^{2x} \{f(t) - |f(t)|\}\, dt < 0$

5) +4) ⇒ $-x < -5$. $\int_{-x}^{2x} \{f(t) - |f(t)|\}\, dt = 2\int_{2}^{5} f(t)\, dt = 4\int_{2}^{5} f(t)\, dt$

6) +5) $f(\sqrt{2})$: $f(x)$ 식 3칸 위 x-값 대입 ⇒ $f(2) = f(5) = 0$ ⇒ $f(2) = 16 + 4a + b = 0$, $f(5) = (25 + 250 + b = 0)$ ∴ $a = -29$, $b = 100$

∴ $f(x) = x^4 - 29x + 100$

∴ $f(\sqrt{2}) = 4 - 58 + 100 = 46$

--- 풀이 오른쪽 (handwritten) ---

1), 2) +1)

3) +2) +1) ⇒ (원점 0에서 A_n까지 "경로"를 따른 거리)
$= \frac{1}{25} + \frac{3}{25} + \cdots + \frac{2n-1}{25} = \frac{1}{25}\sum_{k=1}^{n}(2k-1) = \boxed{\frac{n^2}{25}}$

4) +3) A_n이 $y = x$ 위의 점 ⇒ (원점 0에서 A_n까지 "경로"를 따른 거리) = 짝수
$\Rightarrow \frac{n^2}{25} = 2 \times k \times 5^2$
∴ $2k = 0^2$, $k = 2$, 2×2^2, 2×3^2, $\Rightarrow n = 10, 20, 30, \cdots$

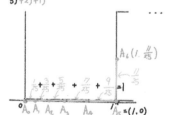

5) +4) $A_n = A_{20}$: (원점 0에서 A_{20}까지 "경로"를 따른 거리) $= 2 \times 8$
∴ $A_{20} = (8.8)$ $\boxed{a = 8}$

(나형)

30. 최고차항의 계수가 양수인 삼차함수 $f(x)$에 대하여 방정식

$$(f \circ f)(x) = x$$

의 모든 실근이 0, 1, a, 2, b이다.

$$f'(1) < 0, \quad f'(2) < 0, \quad f'(0) - f'(1) = 6$$

일 때, $f(5)$의 값을 구하시오. (단, $1 < a < 2 < b$) 〔4점〕

답 : 40

1)
$f(x) = ux^3 + vx^2 + rx + s \ (u > 0)$

:증가 절대칭

2) +1)
$f(p) = q \Rightarrow f(f(p)) = f(q) = p \Rightarrow \begin{cases} f(p) = q \\ f(q) = p \end{cases}$

$(p, q) \sim (q, p)$: $y=x$ 대칭
또는 $y=x$ 위의 점

3) +2) +1)
$\Rightarrow f(1) = 2, \ f(2) = 1, \ f(0) = 0$
$\Rightarrow s = 0$
$\begin{cases} u + v + w = 2 \\ 8u + 4v + 2w = 1 \end{cases}$

4)
$f'(1) < 0$
5)
$f'(2) < 0$

6) +3)
$3u + 2v = -6 \longrightarrow u = 1, \ v = -\dfrac{9}{2}, \ r = \dfrac{11}{2} \quad \therefore f(x) = x^3 - \dfrac{9}{2}x^2 + \dfrac{11}{2}$

7) +6)
$\therefore f(5) = 125 - \dfrac{225}{2} + \dfrac{55}{2} = 40$

제 2 교시

수학 영역

가 형   성명 [   ]   수험 번호 [| | | | | — | | |]

(나형)

21. 상수 a, b에 대하여 삼차함수 $f(x) = x^3 + ax^2 + bx$가 다음 조건을 만족시킨다.

> (가) $f(-1) > -1$
> (나) $f(1) - f(-1) > 8$

〈보기〉에서 옳은 것만을 있는 대로 고른 것은? [4점]

― 〈보 기〉 ―

ㄱ. 방정식 $f'(x) = 0$은 서로 다른 두 실근을 갖는다.
ㄴ. $-1 < x < 1$일 때, $f'(x) \geq 0$이다.
ㄷ. 방정식 $f(x) - f'(k)x = 0$의 서로 다른 실근의 개수가 2가 되도록 하는 모든 실수 k의 개수는 4이다.

① ㄱ   ② ㄱ, ㄴ   ③ ㄱ, ㄷ
④ ㄴ, ㄷ   ⑤ ㄱ, ㄴ, ㄷ

1)
$f(x) = x(x^2 + ax + b) \Rightarrow f(0) = 0$
2) +1)
$f(-1) = -1 + a - b > -1 \Rightarrow a > b$
3) +2)+1)
$f(1) - f(-1) = 2 - 2b > 8 \Rightarrow b > 3$ ∴ $a > b > 3$

ㄱ.
4) +3)
$f'(x) = 3x^2 + 2ax + b = 0$: 근의 개수 ⇒ $D = a^2 - 3b = a(a - 3 \cdot \frac{b}{a}) > 0$ ㄱ. 참

ㄴ.
5) +4)+3)
$(-1, 1)$에서 $3x^2 + 2ax + b \geq 0$ ⇒ $f'(1) = 2a + b + 3 > 0$
$f'(-1) = -2a + b + 3 = -a - a + b + 3 < 0$ ✗   ㄴ. 거짓

ㄷ.
6) +4)+3)+1)
$f(x) - f'(k)x = x^3 + ax^2 + bx - (3k^2 + 2ak + b)x = x(x^2 + ax - 3k^2 - 2ak) = 0$ ⇒ $x = 0$ 또는 $x^2 + ax - 3k^2 - 2ak = 0$

① $x^2 + ax - 3k^2 - 2ak = 0$, 0이 아닌 중근 α를 가짐
⇒ $-3k^2 - 2ak = -k(3k + 2a) \neq 0$ ∴ $k \neq 0$, $k \neq -\frac{2a}{3}$ (α≠0)
$D = a^2 + 12k^2 + 8ak = (a + 2k)(a + 6k) = 0$ ∴ $k = -\frac{a}{2}$ 또는 $k = -\frac{a}{6}$

② $x^2 + ax - 3k^2 - 2ak = 0$, 0과 또 하나의 근 갖음
⇒ $-3k^2 - 2ak = -k(3k + 2a) = 0$ ⇒ $k = 0$ 또는 $k = -\frac{2a}{3}$
⇒ $x^2 + ax = 0$, $x(x + a) = 0$ ∴ $x = 0$ 또는 $x = -a$ ∴ $a \neq 0$

∴ $k = 0$, $-\frac{2a}{3}$, $-\frac{a}{2}$, $-\frac{a}{6}$ 이고 $a \neq 0$ 이므로 네 개의 값 나온다.

(나형)

29. 함수

$$f(x) = \begin{cases} ax + b & (x < 1) \\ cx^2 + \dfrac{5}{2}x & (x \geq 1) \end{cases}$$

이 실수 전체의 집합에서 연속이고 역함수를 갖는다. 함수 $y = f(x)$의 그래프와 역함수 $y = f^{-1}(x)$의 그래프의 교점의 개수가 3이고, 그 교점의 x좌표가 각각 -1, 1, 2일 때, $2a + 4b - 10c$의 값을 구하시오. (단, a, b, c는 상수이다.) [4점]

답: 20

1)
$x = 1$에서 연속 ⇒ $a + b = c + \frac{5}{2}$

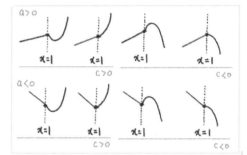

2) +1)
역함수를 갖는다 : $f(x)$: 일대일 대응
(그래프) 오직 증가 또는 오직 감소

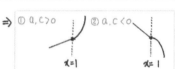
① $a, c > 0$ ② $a, c < 0$

3) +2)
$f(x)$, $f^{-1}(x)$ 교점 ⇒ ① f: 증가 ⇒ $y = f(x)$, $y = x$에 교점
② f: 감소 ⇒ ($y = f(x)$, $y = x$에 교점) + (기울기 -1인 직선, $y = f(x)$의 교점)

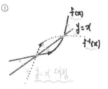

① $y = x$ 대칭 ⇒ $f(x)$, $f^{-1}(x)$ 교점 최대 2개 ✗

②
4) +3)+1)
⇒ $f(2) = 4c + 5 = -1$
$f(1) = c + \frac{5}{2} = 1$ ($= a + b$)
$f(-1) = -a + b = 2$
∴ $a = -\frac{1}{2}$, $b = \frac{3}{2}$, $c = -\frac{3}{2}$
∴ $2a + 4b - 10c = 20$

(나형)

30. 사차함수 $f(x)$가 다음 조건을 만족시킨다.

> (가) 5 이하의 모든 자연수 n에 대하여
> $$\sum_{k=1}^{n} f(k) = f(n)f(n+1)$$이다.
>
> (나) $n=3$, 4일 때, 함수 $f(x)$에서 x의 값이 n에서
> $n+2$까지 변할 때의 평균변화율은 양수가 아니다.

$128 \times f\left(\dfrac{5}{2}\right)$의 값을 구하시오. 〔4점〕

답: 65

1)
$f(x) = ax^4 + bx^3 + cx^2 + dx + e$

2)
$n=1$. $f(1) = f(1) \times f(2)$ $n=2$, $f(1)+f(2) = f(2) \times f(3)$ $\cdots$ $n=5$. $f(1)+\cdots +f(5) = f(5) \times f(6)$
$\to f(1)=0$ 또는 $f(2)=1$ $\to f(1)=0$, $f(3)=1$ 또는 $f(2)=1$, $f(3)=f(1)+1$ $\cdots$

$n=1$. $f(1) = f(1) \times f(2)$ $\sum_{k=1}^{n}f(k) - \sum_{k=1}^{n+1}f(k) = f(n)f(n+1) - f(n-1)f(n)$
$\to f(1)=0$ 또는 $f(2)=1$ $\underbrace{\qquad}_{S_n}$ $\underbrace{\qquad}_{S_{n+1}}$

$\to f(n) = f(n)f(n+1) - f(n-1)f(n)$ $(n \geq 2)$ $\therefore f(n)=0$ 또는 $f(n+1)-f(n-1)=1$ $(n \geq 2)$
$\to f(n)|f(n+1) - f(n-1) -1| = 0$ $(n \geq 2)$ $f(1)=0$ 또는 $f(2)=1$

3) (가)
$\dfrac{f(5)-f(3)}{5-3} \leq 0$ $\dfrac{f(6)-f(4)}{6-4} \leq 0$ $\therefore f(5)-f(3) \leq 0$, $f(6)-f(4) \leq 0$ $\to f(5)-f(3) \neq 1$, $f(6)-f(4) \neq 1$
$\therefore f(4)=0$, $f(5)=0$

$\to f(5)|f(4) - f(2) - 1| = 0$ $\therefore f(5)=0$ 또는 $f(2)=1$

① $f(3)=0$
$f(2)|f(3)-f(1)-1|=0$ $\therefore f(2)=0$ 또는 $f(1)=-1$

② $f(2)=-1$
$\therefore f(1)=0$, $f(3) = f(1)+1 = 1$

$\therefore f(1)=-1$ $f(4)=0$ 또는 $f(1)=0$ $f(4)=0$
$f(2)=1$ $f(5)=0$ $f(2)=-1$ $f(5)=0$
$f(3)=0$ $f(3)=1$

4) (나)(가)
$f\left(\dfrac{5}{2}\right)$: $f(x)$ 식 결정 뒤 $x=\dfrac{5}{2}$ 대입

$f(1)=-1$ $f(4)=0$ $\to f(x) = a(x-3)(x-4)(x-5)(x-b)$, $f(1) = -24a(1-b)=-1$, $f(2) = -6a(2-b)=1$
$f(2)=1$ $f(5)=0$
$f(3)=0$

$\therefore f(x) = -\dfrac{5}{24}(x-3)(x-4)(x-5)\left(x-\dfrac{5}{2}\right)$

$f(1)=0$ $f(4)=0$ $\to f(x) = a(x-1)(x-4)(x-5)(x-b)$, $f(2) = 6a(2-b)=-1$, $f(3) = 4a(3-b)=1$
$f(2)=-1$ $f(5)=0$
$f(3)=1$

$\therefore f(x) = \dfrac{1}{12}(x-1)(x-4)(x-5)\left(x-\dfrac{5}{12}\right)$

$\dfrac{f(6)-f(4)}{6-4} > 0$

$\therefore 128 \times f\left(\dfrac{5}{2}\right) = 65$

(나형)

20. 최고차항의 계수가 1인 사차함수 $f(x)$가 다음 조건을 만족시킨다.

> (가) $f'(0)=0$, $f'(2)=16$
>
> (나) 어떤 양수 k에 대하여 두 열린 구간 $(-\infty, 0)$, $(0, k)$ 에서 $f'(x)<0$이다.

〈보기〉에서 옳은 것만을 있는 대로 고른 것은? [4점]

> ─── 〈 보 기 〉 ───
>
> ㄱ. 방정식 $f'(x)=0$은 열린 구간 $(0,2)$에서 한 개의 실근을 갖는다.
>
> ㄴ. 함수 $f(x)$는 극댓값을 갖는다.
>
> ㄷ. $f(0)=0$이면, 모든 실수 x에 대하여 $f(x) \geq -\dfrac{1}{3}$이다.

① ㄱ　　② ㄴ　　③ ㄱ, ㄷ
④ ㄴ, ㄷ　　⑤ ㄱ, ㄴ, ㄷ

1) $f(x)=x^4+ax^3+bx^2+cx+d$　

2) +1) $f'(x)=4x^3+3ax^2+2bx+c \Rightarrow f'(0)=c=0$, $f'(2)=32+12a+4b+c=16$
$\therefore c=0.\ 3a+b=-4$

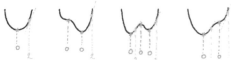

3) +2) +1) $f'(x)<0$: 감소 ⇒ $(-\infty,0)$, $(0,k)$ 에서 감소 ⇒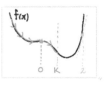

4) +3)
⇒ $f(x)$ 극대점 문제 X
ㄱ. (맞)
ㄴ. (거짓)

5) +3)
⇒ $f(x)$ 극대점 문제 X
ㄴ. (거짓)

6) +3) +2)
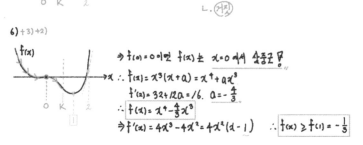
⇒ $f(0)=0$이면 $f(x)$는 $x=0$에서 삼중근 ⇒
$\therefore f(x)=x^3(x+a)=x^4+ax^3$
$f'(x)=4x^3+3ax^2=16.\ a=-\dfrac{4}{3}$
$\therefore f(x)=x^4-\dfrac{4}{3}x^3$
⇒ $f'(x)=4x^3-4x^2=4x^2(x-1)$　$\therefore f(x) \geq f(1)=-\dfrac{1}{3}$
ㄷ. (맞)

③ 　[1 / 1]

(나형)

29. 두 실수 a와 k에 대하여 두 함수 $f(x)$와 $g(x)$는

$$f(x)=\begin{cases} 0 & (x \leq a) \\ (x-1)^2(2x+1) & (x>a) \end{cases}$$

$$g(x)=\begin{cases} 0 & (x \leq k) \\ 12(x-k) & (x>k) \end{cases}$$

이고, 다음 조건을 만족시킨다.

> (가) 함수 $f(x)$는 실수 전체의 집합에서 미분가능하다.
>
> (나) 모든 실수 x에 대하여 $f(x) \geq g(x)$이다.

k의 최솟값이 $\dfrac{q}{p}$일 때, $a+p+q$의 값을 구하시오. [4점]　[답 : 32]

1) 　　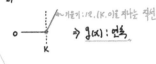

2) 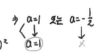　기울기:12, $(k,0)$을 지나는 직선 ⇒ $g(x)$: 연속

3) +1) $f:$ 에가 $0=(a-1)^2(2a+1)$ ⇒ $a=1$ 또는 $a=-\dfrac{1}{2}$
$0=2(a-1)(2a+1)+2(a-1)^2$ ⇒ $\boxed{a=1}$　×
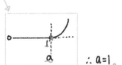　$\therefore a=1$

4) +3) +2) ㄱ)에서
$(x-1)^2(2x+1) \geq 12(x-k)$
⇒ $\{(x-1)^2(2x+1)\}'=12$
$6x^2-6x=12$
$\therefore x^2-x-2=0$, $(x+1)(x-2)=0$. $x=-1$ 또는 $\boxed{x=2}$ (∵x<1)
⇒ $f(x)$에 접하는 기울기 12의 접선 : $y=12(x-2)+f(2)=12x-24+5=12(x-\dfrac{19}{12})$ → $k \geq \dfrac{19}{12}$

5) +4) +3) $(k$의 최솟값$)=\dfrac{19}{12}$
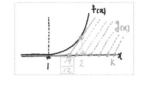
$\therefore a=1, p=19, q=12$
$\therefore a+p+q=32$

제 2 교시

수학 영역

가 형

성명 [   ]   수험 번호 [| | | | — | | | |]

(나형)

20. 삼차함수 $f(x)$와 실수 t에 대하여 곡선 $y=f(x)$와 직선 $y=-x+t$의 교점의 개수를 $g(t)$라 하자. 〈보기〉에서 옳은 것만을 있는 대로 고른 것은? 〔4점〕

─────── 〈보 기〉 ───────

ㄱ. $f(x)=x^3$이면 함수 $g(t)$는 상수함수이다.

ㄴ. 삼차함수 $f(x)$에 대하여, $g(1)=2$이면 $g(t)=3$인 t가 존재한다.

ㄷ. 함수 $g(t)$가 상수함수이면, 삼차함수 $f(x)$의 극값은 존재하지 않는다.

─────────────────────

① ㄱ ② ㄷ ③ ㄱ, ㄴ
④ ㄴ, ㄷ ⑤ ㄱ, ㄴ, ㄷ

1) $f(x) = ax^3 + bx^2 + cx + d$ [곡선 그림] ∴대칭

2) $+1$) $f(x) = -x+t \Rightarrow ax^3 + bx^2 + cx + d = -x+t$ 의 서로 다른 실근의 갯수: $g(t)$

[그래프들] $g(t)=1$, $g(t)=2$, $g(t)=3$

ㄱ.
3) $+2$)
$x^3 = -x+t$
$x^3 + x = t$
$h(x)$
$h'(x) = 3x^2 + 1 > 0$
[그래프] $h(x)$, $f(x)$, $-x+t$
∴ $g(t) = 1$
ㄱ. ⊙

ㄴ.
4) $+2$)
[그래프] $f(x)$, $g(t)=3$
ㄴ. ⊙

ㄷ.
5) $+3$) $+2$)
$g(t)$: 상수함수 $\Rightarrow g(t) = 1$
$\Rightarrow f(x) = -x+t$ ~ 실근 갯수가 항상 1.
$\Rightarrow ax^3 + bx^2 + (c+1)x + d = t$
$h(x)$
$h'(x) = 3ax^2 + 2bx + (c+1)$: 부호 일정
$\Rightarrow D/4 = b^2 - 3a(c+1) \le 0 \Rightarrow f'(x) = 3ax^2 + 2bx + c$, $D/4 = b^2 - 3ac < 0$?
$b^2 - 3ac - 3a \le 0$
[그래프] $h(x)$, t, $h(x)$
예. $a=1$, $b=4$, $c=5$
$\Rightarrow b^2 - 3ac - 3c = 16 - 15 - 3 < 0$
$\langle b^2 - 3ac = 16 - 15 = 1 > 0$
ㄷ. (거짓)

(나형)

29. 두 삼차함수 $f(x)$와 $g(x)$가 모든 실수 x에 대하여

$$f(x)g(x) = (x-1)^2(x-2)^2(x-3)^2$$

을 만족시킨다. $g(x)$의 최고차항의 계수가 3이고, $g(x)$가 $x=2$에서 극댓값을 가질 때, $f'(0) = \dfrac{q}{p}$이다. $p+q$의 값을 구하시오. (단, p와 q는 서로소인 자연수이다.) 〔4점〕   답: 10

1) $f(x) = ax^3 + bx^2 + cx + d$
$g(x) = ux^3 + vx^2 + rx + s$ [그래프들] ∴대칭

2) $+1$)
f, g: 3차 $\Rightarrow (x-1), (x-1), (x-2), (x-2), (x-3), (x-3)$ 중에서 3개씩 묶어 분배하기 → $f(x), g(x)$
$\Rightarrow f = a(x-1)(x-1)(x-2)$
$g = \frac{1}{a}(x-2)(x-3)(x-3)$ ...
$\Rightarrow f = a(x-1)(x-3)(x-3)$
$g = \frac{1}{a}(x-1)(x-2)(x-2)$

3) $+2$)
$f = \frac{1}{3}(x-1)(x-1)(x-2)$
$g = 3(x-2)(x-3)(x-3)$ ...
$f = \frac{1}{3}(x-1)(x-3)(x-3)$
$g = 3(x-1)(x-2)(x-2)$

4) $+3$) $+1$)
$g'(x) = 0 \Rightarrow g(x) = 3(x-2)^2(x-\alpha)$
$\Rightarrow g(x) = 3(x-2)^2(x-1)$ ...①
$g(x) = 3(x-2)^2(x-3)$ ...②

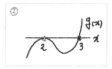

① [그래프] $g(x)$ → $x=2$에서 극소 ☹
② [그래프] $g(x)$ ∴ $g(x) = 3(x-2)^2(x-3)$

5) $+4$) $+3$)
$f(x) = \frac{1}{3}(x-1)^2(x-3) \Rightarrow f'(x) = \frac{2}{3}(x-1)(x-3) + \frac{1}{3}(x-1)^2$
∴ $f'(0) = \frac{7}{3} = \frac{q}{p}$
∴ $p+q = 3+7$

(나형)

30. 두 함수 $f(x)$와 $g(x)$가

$$f(x) = \begin{cases} 0 & (x \le 0) \\ x & (x > 0) \end{cases}, \quad g(x) = \begin{cases} -x(x-2) & (|x-1| \le 1) \\ 0 & (|x-1| > 1) \end{cases}$$

이다. 양의 실수 k, a, b $(a < b < 2)$에 대하여, 함수 $h(x)$를

$$h(x) = k\{f(x) - f(x-a) - f(x-b) + f(x-2)\}$$

라 정의하자. 모든 실수 x에 대하여 $0 \le h(x) \le g(x)$일 때,

$\displaystyle\int_0^2 \{g(x) - h(x)\}dx$의 값이 최소가 되게 하는 k, a, b에

대하여 $60(k+a+b)$의 값을 구하시오. [4점]   답: 200

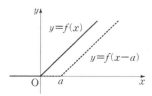
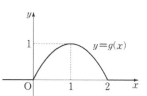

1), 2)
식과 그래프가 모두 주어짐. $g(x)$: 2차식 → 대칭성

3)

$f(x-a) = \begin{cases} 0 & (x \le a) \\ x-a & (x > a) \end{cases}$ $f(x-b) = \begin{cases} 0 & (x \le b) \\ x-b & (x > b) \end{cases}$ $f(x-2) = \begin{cases} 0 & (x \le 2) \\ x-2 & (x > 2) \end{cases}$

$\Rightarrow h(x) = \begin{cases} 0 & (x \le 0) \\ K(x - 0 - 0 + 0) & (0 < x \le a) \\ K(x - (x-a) - 0 + 0) & (a < x \le b) \\ K(x - (x-a) - (x-b) + 0) & (b < x \le 2) \\ K(x - (x-a) - (x-b) + (x-2)) & (2 < x) \end{cases}$

$\Rightarrow h(x) = \begin{cases} 0 & (x \le 0) \\ Kx & (0 < x \le a) \\ Ka & (a < x \le b) \\ K(-x+a+b) & (b < x \le 2) \\ K(a+b-2) & (2 < x) \end{cases}$

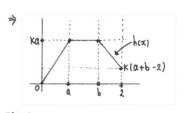

4) +3)
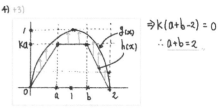

$\Rightarrow K(a+b-2) = 0$
$\therefore a+b = 2$

5) +4)

$\displaystyle\int_0^2 |g(x) - h(x)|dx$: $g(x)$과 $h(x)$ 사이의 넓이

$\Rightarrow g(x)$과 $h(x)$ 사이의 넓이 최소.

$\therefore 0 \le x \le 2$에서

$h(x)$: x에 대칭, $h(a) = g(a)$인 사다리꼴.

$\Rightarrow \left(\displaystyle\int_0^2 |g(x) - h(x)|dx : 최소\right) = (h(x)의 넓이가 최대)$

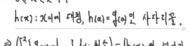

6) +5)

$0 < a < 1$에서 $S(a) = \frac{1}{2} \times (-a(a-2)) \times (2 + 2 - 2a) = a(a-2)^2$: 최대

$\Rightarrow S'(a) = (a-2)^2 + 2a(a-2) = 3a^2 - 8a + 4 = (a-2)(3a-2)$

$\therefore (0 < a < 1$에서 $S(a)$의 최댓값$) = S\left(\frac{2}{3}\right)$

$\therefore a = \frac{2}{3}$, $b = 2 - a = \frac{4}{3}$, $K = \frac{g(a)}{a} = 2 - a = \frac{4}{3}$

$\therefore 60(k+a+b) = 200$

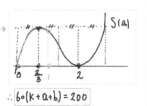

제 2 교시

수학 영역

가 형

성명 [ ] 수험 번호 [ ][ ][ ][ ][ ] — [ ][ ][ ][ ]

(나형)

20. 함수

$$f(x) = \frac{1}{3}x^3 - kx^2 + 1 \quad (k > 0인 \ 상수)$$ 1)

의 그래프 위의 서로 다른 두 점 A, B에서의 접선 l, m의 기울기가 모두 $3k^2$이다. 곡선 $y = f(x)$에 접하고 x축에 평행한 두 직선과 접선 l, m으로 둘러싸인 도형의 넓이가 24일 때, k의 값은? [4점]

① $\frac{1}{2}$ ② 1 ③ $\frac{3}{2}$ ④ 2 ⑤ $\frac{5}{2}$

1)
$f'(x) = x^2 - 2kx = x(x-2k)$
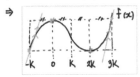

2) +1)
$f'(x) = x^2 - 2kx = 3k^2 \Rightarrow x^2 - 2kx - 3k^2 = (x+k)(x-3k) = 0 \quad \therefore x = -k, 3k$

3) +2)
⇒ S : 평행사변형

⇒ 높이 $h = M - m = \frac{4}{27} \times \frac{1}{3} \times (2k-(-k))^3 = \frac{4}{3}k^3$ $h = \frac{4}{3}k^3$

$f'(-k) = \frac{h}{a} = \frac{1}{a} \times \frac{4}{3}k^3 = 3k^2 \quad \therefore a = \frac{4}{9}k$

$\therefore S = (4k - \frac{4}{9}k) \times \frac{4}{3}k^3 = 24 \Rightarrow k^4 = \frac{3^4}{2^4}$

$\therefore \boxed{k = \frac{3}{2}}$

(나형)

29. 공차가 0이 아닌 등차수열 $\{a_n\}$이 있다. 수열 $\{b_n\}$은

$$b_1 = a_1$$

이고, 2 이상의 자연수 n에 대하여

$$b_n = \begin{cases} b_{n-1} + a_n & (n이 \ 3의 \ 배수가 \ 아닌 \ 경우) \\ b_{n-1} - a_n & (n이 \ 3의 \ 배수인 \ 경우) \end{cases}$$

이다. $b_{10} = a_{10}$일 때, $\frac{b_8}{b_{10}} = \frac{q}{p}$이다. $p+q$의 값을 구하시오. (단, p와 q는 서로소인 자연수이다.) [4점]   답 : 13

1)
$a_n = a_1 + (n-1)d \ (d \neq 0) \Rightarrow$ 모든 항이 서로 다르다.

2) +1)
b_n : 등차, 등비, 부분합수
$\langle n=1, b_1 = \square \quad n=2, b_2 = \square \cdots$
⇒ $b_2 = b_1 + a_2 = a_1 + a_2$
$b_3 = b_2 - a_3 = a_1 + a_2 - a_3$
$b_4 = b_3 + a_4 = a_1 + a_2 - a_3 + a_4$
$b_5 = b_4 + a_5 = a_1 + a_2 - a_3 + a_4 + a_5$
$b_6 = b_5 - a_6 = a_1 + a_2 - a_3 + a_4 + a_5 - a_6$
$\vdots$
$b_{10} = b_9 + a_{10} = \underbrace{a_1 + a_2 - a_3}_{a-d} + \underbrace{a_4 + a_5 - a_6}_{a+2d} + \underbrace{a_7 + a_8 - a_9}_{a+5d} + \underbrace{a_{10}}_{a+9d}$
$\therefore b_{10} = 4a + 15d$

3) +2)
$4a + 15d = a + 9d$
$\therefore a = -2d$

4) +3) +2)
$b_8 = a_1 + a_2 - a_3 + a_4 + a_5 - a_6 + a_7 + a_8$
$= 4a + 14d$
$\therefore b_8 = 4 \times (-2d) + 14d = 6d$
$\langle b_{10} = 4a + 15d = 4 \times (-2d) + 15d = 7d$
$\therefore \frac{b_8}{b_{10}} = \frac{6}{7} = \frac{q}{p}$
$\therefore \boxed{p + q = 13}$

일익일손

(나형)

30. 최고차항의 계수가 1인 삼차함수 $f(x)$와 최고차항의 계수가 2인 이차함수 $g(x)$가 다음 조건을 만족시킨다.

> (가) $f(\alpha)=g(\alpha)$이고 $f'(\alpha)=g'(\alpha)=-16$인 실수 α가 존재한다.
>
> (나) $f'(\beta)=g'(\beta)=16$인 실수 β가 존재한다.

$g(\beta+1)-f(\beta+1)$의 값을 구하시오. [4점]   답: 243

1)
$f(x)=x^3+ax^2+bx+c$:증가. 절대칭

2)
$g(x)=2x^2+px+q$ 대칭

3)
$\alpha: f(x)-g(x)=0$ 의 근.
$\hookleftarrow f(x), g(x)$ 그래프의 교점.

4)(+3)
$\alpha: f'(x)-g'(x)=0$ 의 근. $\Rightarrow h(x)=f(x)-g(x)=x^3+(a-2)x^2+\cdots=(x-\alpha)^2(x+u)$

5)(+4)
$\beta: h'(x)=f'(x)-g'(x)=0$ 의 근.

$\Rightarrow u=\alpha+\dfrac{\beta-\alpha}{2}\times 3=\dfrac{3\beta-\alpha}{2}$

$\therefore h(x)=(x-\alpha)^2\left(x-\dfrac{3\beta-\alpha}{2}\right)$

$\Rightarrow g(x)=2\left(x-\dfrac{\alpha+\beta}{2}\right)^2+k$

$g'(x)=4\left(x-\dfrac{\alpha+\beta}{2}\right)$ $\therefore g'(\alpha)=4\left(\dfrac{\alpha-\beta}{2}\right)=-16$

$\therefore \beta-\alpha=8$ $\beta=\alpha+8$

$\therefore h(x)=(x-\alpha)^2(x-\alpha-12)$

6)(+5)
$g(\beta+1)-f(\beta+1)=-h(\beta+1)=-h(\alpha+9)=-9^2\times(-3)=243$

$\therefore g(\beta+1)-f(\beta+1)=243$

가 형   성명 [   ]   수험 번호 [   ]

(나형)

20. 최고차항의 계수가 양수인 삼차함수 $f(x)$가 다음 조건을 만족시킨다.

> (가) 함수 $f(x)$는 $x=0$에서 극댓값, $x=k$에서 극솟값을 가진다. (단, k는 상수이다.)
> (나) 1보다 큰 모든 실수 t에 대하여
> $$\int_0^t |f'(x)|dx = f(t)+f(0)$$
> 이다.

〈보기〉에서 옳은 것만을 있는 대로 고른 것은? [4점]

> 〈보 기〉
> ㄱ. $\int_0^k f'(x)dx < 0$
> ㄴ. $0 < k \le 1$
> ㄷ. 함수 $f(x)$의 극솟값은 0이다.

① ㄱ ② ㄷ ③ ㄱ, ㄴ ④ ㄴ, ㄷ ⑤ ㄱ, ㄴ, ㄷ

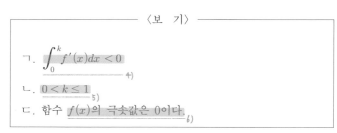

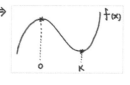
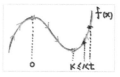

(나형)

21. 좌표평면에서 함수
$$f(x)=\begin{cases}-x+10 & (x<10)\\ (x-10)^2 & (x\ge10)\end{cases}$$

과 자연수 n에 대하여 점 $(n, f(n))$을 중심으로 하고 반지름의 길이가 3인 원 O_n이 있다. x좌표와 y좌표가 모두 정수인 점 중에서 원 O_n의 내부에 있고 함수 $y=f(x)$의 그래프의 아랫부분에 있는 모든 점의 개수를 A_n, 원 O_n의 내부에 있고 함수 $y=f(x)$의 그래프의 윗부분에 있는 모든 점의 개수를 B_n이라 하자. $\sum_{n=1}^{20}(A_n-B_n)$의 값은? [4점]

① 19 ② 21 ③ 23 ④ 25 ⑤ 27

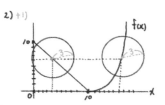
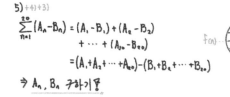
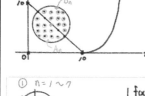
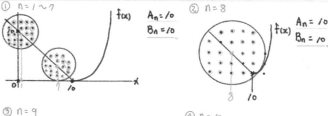
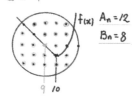
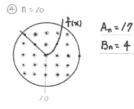
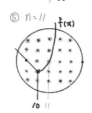

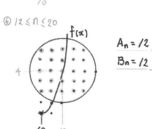

(나형)

30. 실수 k에 대하여 함수 $f(x)=x^3-3x^2+6x+k$의 역함수를
$g(x)$라 하자. 방정식 $4f'(x)+12x-18=(f'\circ g)(x)$가
닫힌 구간 $[0,1]$에서 실근을 갖기 위한 k의 최솟값을 m,
최댓값을 M이라 할 때, m^2+M^2의 값을 구하시오. [4점]

답: 65

1)
$f(x)=x^3-3x^2+6x+k$, $f'(x)=3x^2-6x+6=3(x^2-2x+2)$ $\Rightarrow$ $f(x)$: 증가 ($\Rightarrow$ 역함수 존재)

$D/4 = 1-2<0$

2) +1)
$g(x)=f^{-1}(x)$ $\Rightarrow$ $f(a)=b$ $\Rightarrow$ $f(g(b))=b$ $\Rightarrow$ $\{g(x)\}^3-3\{g(x)\}^2+6g(x)+k=x$

$\langle \begin{matrix} g(b)=a \\ g(f(\alpha))=a \end{matrix}$

3) +2) +1)
$4(3x^2-6x+6)+12x-18=3g^2-6g+6$ $\therefore 4x^2-4x=g^2-2g$

$4x^2-4x=4x(x-1)$ $\Rightarrow$ ① $\begin{matrix} g(x)=2x \\ g(x)-2=\frac{4}{a}(x-1) \end{matrix}$ 또는 ③ $\begin{matrix} g(x)=a(x-1) \\ g(x)-2=\frac{4}{a}x \end{matrix}$

$\langle \begin{matrix} g^2-2g=g(g-2) \end{matrix}$

① $ax-2=\frac{4}{a}x-\frac{4}{a}$ ② $a(x-1)-2=ax-a-2=\frac{4}{a}x$

$\therefore a=2$, $g(x)=2x$ $\therefore a=-2$, $g(x)=-2x+2$

4) +3) +1)
$[0,1]$에서 ① $g(x)=2x$가 실근을 갖는다. 또는 ② $g(x)=-2x+2$가 실근을 갖는다.

$[0,2]$에서 ① $f(x)=\frac{1}{2}x$ 또는 ② $f(x)=-\frac{1}{2}x+1$

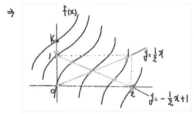

5) +4)
$k=f(0)$
$\Rightarrow$ $\langle \begin{matrix} M : f(0)=k=1 \\ m : f(2)=8-12+12+k=0 \end{matrix}$

$\therefore M=1$, $m=-8$

$\therefore M^2+m^2=65$

수학 영역

제 2 교시

가 형   성명 □   수험 번호 □□□□□□ — □□□□□

(나형)

20. 삼차함수 $f(x)$가 다음 조건을 만족시킨다.

> (가) $x = -2$에서 극댓값을 갖는다.
> (나) $f'(-3) = f'(3)$

〈보기〉에서 옳은 것만을 있는 대로 고른 것은? 〔4점〕

─── 〈보 기〉 ───
> ㄱ. 도함수 $f'(x)$는 $x = 0$에서 최솟값을 갖는다.
> ㄴ. 방정식 $f(x) = f(2)$는 서로 다른 두 실근을 갖는다.
> ㄷ. 곡선 $y = f(x)$ 위의 점 $(-1, f(-1))$에서의 접선은 점 $(2, f(2))$를 지난다.

① ㄱ   ② ㄷ   ③ ㄱ, ㄴ
④ ㄴ, ㄷ   ⑤ ㄱ, ㄴ, ㄷ

1) $f(x) = ax^3 + bx^2 + cx + d \Rightarrow a > 0$ {증가 점대칭 / 감소 점대칭

2) +1) $f'(x) = 3a(x+2)(x-k) \Rightarrow a > 0, -2 < K$ $a < 0, -2 > K$

3) +2) $f'(3) = 3a \times 5 \times (3-k) \Rightarrow K = -2 \ a > 0$
$f'(-3) = 3a \times 1 \times (-3-k)$ ∵ 2차함수 축 그래프 대칭성 ∴ $f'(2) = f'(-2)$

4) +3) $f'(x) = 3a(x-2)(x+2), a > 0 \Rightarrow x = 0$에서 최솟값 가짐∴   ㄱ. (참)

5) +3) $\Rightarrow f(x) = f(2)$ 실근 2개   ㄴ. (참)

6) +5) +4) $f'(x) = 3ax^2 - 12a \Rightarrow f'(-1) = -9a, f(x) = ax^3 - 12ax + d \Rightarrow f(-1) = 11a + d, f(2) = -16a + d$
∴ $y = f'(-1)(x+1) + f(-1), x-2 \Rightarrow y = -9a \times 3 + 11a + d = -16 + d = f(2)$ ㄷ. (참)

(나형)

21. 다음 조건을 만족시키며 최고차항의 계수가 음수인 모든 사차함수 $f(x)$에 대하여 $f(1)$의 최댓값은? 〔4점〕

> (가) 방정식 $f(x) = 0$의 실근은 0, 2, 3뿐이다.
> (나) 실수 x에 대하여 $f(x)$와 $|x(x-2)(x-3)|$ 중 크지 않은 값을 $g(x)$라 할 때, 함수 $g(x)$는 실수 전체의 집합에서 미분가능하다.

① $\frac{7}{6}$ ② $\frac{4}{3}$ ③ $\frac{3}{2}$ ④ $\frac{5}{3}$ ⑤ $\frac{11}{6}$

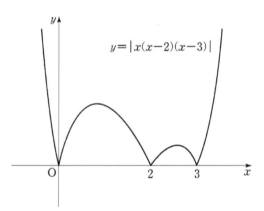
$$y = |x(x-2)(x-3)|$$

1) $f(x) = ax^4 + bx^3 + cx^2 + dx + e \ (a < 0)$

2) $f(1) : f(x)$ 식 3한 뒤 x의 대입필

3) +1) $f(x) = ax^2(x-2)(x-3) \ (a < 0)$ { $ax(x-2)^2(x-3)$ / $ax(x-2)(x-3)^2$
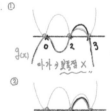

4) +3)
Case1. ①
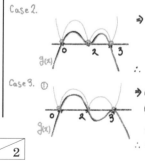
$\Rightarrow f'(2) = (-x(x-2)(x-3))'|_{x=2}$
$\Rightarrow f'(3) = (-x(x-2)(x-3))'|_{x=3}$
∴ $-4a = 2 \Rightarrow a = -\frac{1}{2}$ 와
$9a = -3$ { $a = -\frac{1}{3}$
②
$\Rightarrow 2 < x < 3$에서 $f(x) < -x(x-2)(x-3)$
$ax^2(x-2)(x-3) < -x(x-2)(x-3)$
$ax > 1$ 또 ($\Rightarrow 2 < x < 3$에서 $f < -x(x-2)(x-3)$)

Case2. ①
$\Rightarrow 0 < x < 2$에서 $f(x) < x(x-2)(x-3)$
$ax(x-2)^2(x-3) < x(x-2)(x-3)$
$a(x-2) < 1$
$a > \frac{1}{x-2}$ ∴ $a > -\frac{1}{2}$ ∴ $f(1) = ax(x-2) < 1$

Case3. ①
$\Rightarrow 0 < x < 2$에서 $f(x) < x(x-2)(x-3)$ ②
$ax(x-2)(x-3)^2 < x(x-2)(x-3)$
$a(x-3) < 1$ $a > -\frac{1}{3}$
$a > \frac{1}{x-3}$
∴ $f(1) = a \times (-4) \le \frac{4}{3}$ $f(1)$의 최댓값 $= \frac{4}{3}$

$\Rightarrow$ Case1. ①
과 같은 방법으로 모순 ㄴ

$\boxed{1 / 2}$

(나형)

29. 구간 $[0,8]$에서 정의된 함수 $f(x)$는

$$f(x) = \begin{cases} -x(x-4) & (0 \le x < 4) \\ x-4 & (4 \le x \le 8) \end{cases}$$

이다. 실수 $a(0 \le a \le 4)$에 대하여 $\int_a^{a+4} f(x)dx$의 최솟값은 $\dfrac{q}{p}$이다. $p+q$의 값을 구하시오. (단, p와 q는 서로소인 자연수이다.) 〔4점〕

답: 43

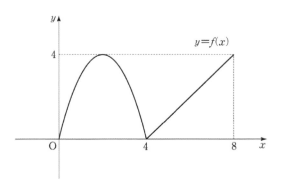

1) 식·그래프 모두 주어짐. $f(x)$: 연속함수, $x \ne 4$일 때 이가, 적가⋯

2) $a = 0, \frac{1}{2}, 1, \cdots, 4 \Rightarrow \int_a^{a+4} f(x)dx$ 값 달라짐 → $\int_a^{a+4} f(x)dx = h(a)$: 함수 꼴

$\int_a^{a+4} f(x)dx \ (0 \le a \le 4) =$ ① $\int_0^4 \{-x(x-4)\}dx = \left[-\frac{1}{3}x^3 + 2x^2 \right]_0^4$

$= \dfrac{32}{3} \quad (a=0) \Rightarrow h(0) = \dfrac{32}{3}$

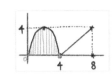

② $\int_a^4 \{-x(x-4)\}dx + \int_4^{a+4}(x-4)dx$

$= \left[-\frac{1}{3}x^3 + 2x^2 \right]_a^4 + \frac{1}{2} \times a \times a$

$= \dfrac{32}{3} + \dfrac{1}{3}a^3 - 2a^2 + \dfrac{1}{2}a^2$

$= \dfrac{1}{3}a^3 - \dfrac{3}{2}a^2 + \dfrac{32}{3} \quad (0 < a < 4) \Rightarrow h(a) = \dfrac{1}{3}a^3 - \dfrac{3}{2}a^2 + \dfrac{32}{3} \quad (0 < a < 4)$

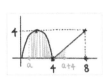

③ $\int_4^8 (x-4)dx = \frac{1}{2} \times 4 \times 4$

$= 8 \quad (a=4) \Rightarrow h(4) = 8$

→ ② $\left(\dfrac{1}{3}a^3 - \dfrac{3}{2}a^2 + \dfrac{32}{3} \right)' = a^2 - 3a = a(a-3)$ 이므로

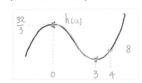

$\therefore \left(\int_a^{a+4} f(x)dx \text{ 의 최솟값} \right) = h(3) = \dfrac{1}{3} \times 3^3 - \dfrac{3}{2} \times 3^2 + \dfrac{32}{3} = \dfrac{37}{6}$

$\therefore \boxed{p + q = 6 + 37 = 43}$

(나형)

30. 좌표평면에서 자연수 n에 대하여 영역

$$\left\{ (x,y) \mid 0 \le x \le n, \ 0 \le y \le \dfrac{\sqrt{x+3}}{2} \right\}$$

에 포함되는 정사각형 중에서 다음 조건을 만족시키는 모든 정사각형의 개수를 $f(n)$이라 하자.

> (가) 각 꼭짓점의 x좌표, y좌표가 모두 정수이다.
> (나) 한 변의 길이가 $\sqrt{5}$ 이하이다.

예를 들어 $f(14) = 15$이다. $f(n) \le 400$을 만족시키는 자연수 n의 최댓값을 구하시오. 〔4점〕

답: 65

생략

수학 영역

(나형)

18. 삼차함수 $y=f(x)$와 일차함수 $y=g(x)$의 그래프가 그림과 같고 $f'(b)=f'(d)=0$이다.

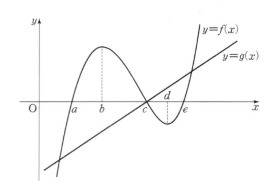

함수 $y=f(x)g(x)$는 $x=p$와 $x=q$에서 극소이다. 다음 중 옳은 것은? (단, $p<q$) 〔4점〕

① $a<p<b$이고 $c<q<d$
② $a<p<b$이고 $d<q<e$
③ $b<p<c$이고 $c<q<d$
④ $b<p<c$이고 $d<q<e$
⑤ $c<p<d$이고 $d<q<e$

1)
$\begin{cases} f(x)=k(x-a)(x-c)(x-e) \ (k>0), \ g(x)=t(x-c) \ (t>0) \quad 그래프 \ 주어짐. \\ f(x)=g(x) : 교점 \ 3개 \ \Rightarrow f(x)=g(x) : 서로 다른 실근 \ 3개. \end{cases}$

2) +1)
$f'(x)=k[(x-c)(x-e)+(x-a)(x-e)+(x-a)(x-c)]=0, \ x=b, d : 근 \ (b<d)$

3) +1)
$x=p, q$에서 y가 극소 $\Rightarrow x=p^-, q^-$에서 $y'<0$, $x=p^+, q^+$에서 $y'>0$. (부호변화⊖)

$y'=f'(x)g(x)+f(x)g'(x) \Rightarrow$
$x=a: \ f'(a)g(a)+f(a)g'(a)<0$
    ⊕×⊖ ⊕ ○×⊕
$x=b: \ f'(b)g(b)+f(b)g'(b)\geq0$ ┐극소⇒$x=p$
    ○×⊖ ⊕ ⊖×⊕
$x=c: \ f'(c)g(c)+f(c)×g'(c)=0$
    ⊖×○ ⊕ ○×⊕
$x=d: \ f'(d)g(d)+f(d)g'(d)<0$ ┐극소⇒$x=q$
    ○×⊕ ⊕ ⊖×⊕
$x=e: \ f'(e)g(e)+f(e)g'(e)\geq0$
    ⊕×⊕ ⊕ ○×⊕

$\therefore \ a<p<b, \ d<q<e$

(나형)

20. 첫째항이 a인 수열 $\{a_n\}$은 모든 자연수 n에 대하여

$$a_{n+1}=\begin{cases} a_n+(-1)^n\times2 & (n\text{이 3의 배수가 아닌 경우}) \\ a_n+1 & (n\text{이 3의 배수인 경우}) \end{cases}$$

를 만족시킨다. $a_{15}=43$일 때, a의 값은? 〔4점〕

① 35   ② 36   ③ 37   ④ 38   ⑤ 39

1)
수열: 증가, 증가, 부분수열 ⋯
$\begin{cases} n=1 \ a_1=□, \ n=2 \ a_2=□ \ ⋯ \ 대입 \end{cases}$

2) +1)
$a_2=a-2$ $a_3=a_2+2=a$ $a_4=a_3+1=a+1$ $a_5=a_4+2=a+3$
$a_6=a_5-2=a+1$ $a_7=a_6+1=a+2$ $a_8=a_7-2=a$ ⋯

3) +2)
$a_9=a_8+2=a+2$ $a_{10}=a_9+1=a+3$ $a_{11}=a_{10}+2=a+5$
$a_{12}=a_{11}-2=a+3$ $a_{13}=a_{12}+1=a+4$ $a_{14}=a_{13}-2=a+2$
$a_{15}=a_{14}+2=a+4=43$

$\therefore a=39$

(나형)

21. 삼차함수 $f(x)$의 도함수 $y=f'(x)$의 그래프가 그림과 같을 때, 〈보기〉에서 옳은 것만을 있는 대로 고른 것은? [4점]

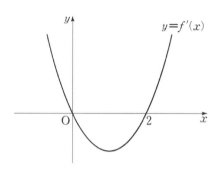

〈 보 기 〉

ㄱ. $f(0)<0$이면 $|f(0)|<|f(2)|$이다.

ㄴ. $f(0)f(2) \geq 0$이면 함수 $|f(x)|$가 $x=a$에서 극소인 a의 값의 개수는 2이다.

ㄷ. $f(0)+f(2)=0$이면 방정식 $|f(x)|=f(0)$의 서로 다른 실근의 개수는 4이다.

① ㄱ   ② ㄱ, ㄴ   ③ ㄱ, ㄷ
④ ㄴ, ㄷ   ⑤ ㄱ, ㄴ, ㄷ

1)
$f'(x) = ax(x-2)(a>0) \Rightarrow f(x) = \frac{a}{3}x^3 - ax^2 + c$
$= ax^2 - 2ax$

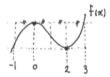

ㄱ.
2) +1)

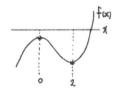

$\therefore |f(0)| < |f(2)|$ ㄱ. 참

ㄴ.
3) +1)
$f(0)f(2) \geq 0 \Rightarrow f(0), f(2):$ 부호가 같거나 둘 중 적어도 하나는 0.

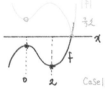  
Case1.   Case2.   Case3.   Case4.
ㄴ. 참

ㄷ.
4) +1)
$f(0) = -f(2)$

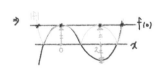

ㄷ. 참

(나형)

29. 함수 $f(x)$는

$$f(x) = \begin{cases} x+1 & (x<1) \\ -2x+4 & (x \geq 1) \end{cases}$$

이고, 좌표평면 위에 두 점 $A(-1,-1)$, $B(1,2)$가 있다. 실수 x에 대하여 점 $(x, f(x))$에서 점 A까지의 거리의 제곱과 점 B까지의 거리의 제곱 중 크지 않은 값을 $g(x)$라 하자. 함수 $g(x)$가 $x=a$에서 미분가능하지 않은 모든 a의 값의 합이 p일 때, $80p$의 값을 구하시오. [4점]

답: 186

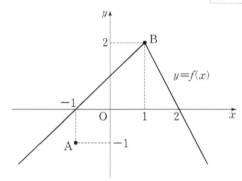

1)
f의 양, 그래프로 유추 주어짐. f: 연속, $x=1$에서 미·불가.

2) +1)
$(x+1)^2 + (f(x)+1)^2 = \begin{cases} (x+1)^2 + (x+2)^2 = 2x^2 + 6x + 5 & (x<1) \\ (x+1)^2 + (-2x+5)^2 = 5x^2 - 18x + 26 & (x \geq 1) \end{cases}$ $\Rightarrow$

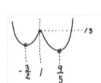

3) +1)
$(x-1)^2 + (f(x)-2)^2 = \begin{cases} (x-1)^2 + (x-1)^2 = 2x^2 - 4x + 2 & (x<1) \\ (x-1)^2 + (-2x+2)^2 = 5x^2 - 10x + 5 & (x \geq 1) \end{cases}$ $\Rightarrow$

4) +3) +2)

$2x^2 + 6x + 5 = 2x^2 - 4x + 2 \ (x<1)$
$\Rightarrow x = -\frac{3}{10} = \alpha$

$5x^2 - 18x + 26 = 5x^2 - 10x + 5 \ (x \geq 1)$
$\Rightarrow x = \frac{21}{8} = \beta$

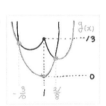

$\therefore g(x) = \begin{cases} 2x^2 + 6x + 5 & (x < -\frac{3}{10}) \\ 2x^2 - 4x + 2 & (-\frac{3}{10} \leq x < 1) \\ 5x^2 - 10x + 5 & (1 \leq x < \frac{21}{8}) \\ 5x^2 - 18x + 26 & (\frac{21}{8} \leq x) \end{cases}$

5) +4)
$a = -\frac{3}{10}$ 또는 $a = \frac{21}{8}$
$\therefore p = -\frac{3}{10} + \frac{21}{8} = \frac{93}{40}$ $\therefore 80p = 186$

(나형)

30. 다음 조건을 만족시키는 20 이하의 모든 자연수 n의 값의 합을 구하시오. [4점]

> $\log_2(na-a^2)$과 $\log_2(nb-b^2)$은 같은 자연수이고
>
> $0 < b-a \leq \dfrac{n}{2}$인 두 실수 a, b가 존재한다.

답 : 78

2)

$\log_2(na-a^2) = \log_2(nb-b^2) = K$ (자연수) $\Rightarrow na-a^2 \underset{①}{=} nb-b^2 \underset{②}{=} 2^k$

① $na-a^2 = nb-b^2 \Rightarrow n(a-b)-(a+b)(a-b)=0 \Rightarrow (a-b)(n-a-b)=0$ ∴ $a=b$ 또는 $a+b=n$

② $b(n-b) = 2^k$ $\Rightarrow$ $ab = 2^k$
  └ $a+b=n$ 이면

3)+2)

$0 < b-a \Rightarrow a \neq b$, $a<b$ ∴ $a+b=n$, $ab=2^k$ (K:자연수) 의 실수 존재.

$\Rightarrow a, b : x^2 - nx + 2^k = 0$ 의 서로 다른 두 실근

∴ $D = n^2 - 2^{k+2} > 0$

$b-a = \sqrt{n^2 - 2^{k+2}} \leq \dfrac{n}{2} \Rightarrow n^2 \leq \dfrac{2^{k+4}}{3}$ ∴ $2^{k+2} < n^2 \leq \dfrac{2^{k+4}}{3}$
  └ $a+b=n$, $a\times b = 2^k$ $\Rightarrow (b-a) = \sqrt{(b+a)^2 - 4ba}$

$K=1$ $8 < n^2 \leq \dfrac{32}{3}$ $\Rightarrow n=3$

$K=2$ $16 < n^2 \leq \dfrac{64}{3}$ $\Rightarrow \times$

$K=3$ $32 < n^2 \leq \dfrac{128}{3}$ $\Rightarrow n=6$

$\vdots$

∴ $n = 3, 6, 9, 12, 13, 17, 18$

∴ (모든 n의 합) $= 78$

日益日損

수학 영역

제 2 교시

가 형   성명 [　　　]   수험 번호 [　|　|　|　|　] — [　|　|　|　]

〔A형〕

21. 다음 조건을 만족시키는 모든 삼차함수 $f(x)$에 대하여
$\dfrac{f'(0)}{f(0)}$ 의 최댓값을 M, 최솟값을 m이라 하자. Mm의 값은?
〔4점〕

> (가) 함수 $|f(x)|$는 $x=-1$에서만 미분가능하지 않다.
> (나) 방정식 $f(x)=0$은 닫힌구간 $[3,5]$에서 적어도 하나의 실근을 갖는다.

① $\dfrac{1}{15}$ ② $\dfrac{1}{10}$ ③ $\dfrac{2}{15}$ ④ $\dfrac{1}{6}$ ⑤ $\dfrac{1}{5}$

1) $f(x)=ax^3+bx^2+cx+d$

: 증가 절대칭

: 감소 절대칭

2) $f(0)$, $f'(0)$: $f(x)$ 식 3항 위 $f'(x)$구함, $x=0$ 대입

3) $+1)$

4) $+3)+2)$

$\Rightarrow f(x)=a(x+1)(x-k)^2$
$f'(x)=a(x-k)^2+2a(x+1)(x-k)$ $(3\le k\le5)$
$\therefore f(0)=ak^2$, $f'(0)=ak^2-2ak$

$\Rightarrow \dfrac{f'(0)}{f(0)}=\dfrac{ak^2-2ak}{ak^2}=1-\dfrac{2}{k}$ $(3\le k\le5)$

$\therefore M=1-\dfrac{2}{5}=\dfrac{3}{5}$, $m=1-\dfrac{2}{3}=\dfrac{1}{3}$

$\therefore \boxed{M\times m=\dfrac{1}{5}}$

〔A형〕

28. 두 다항함수 $f(x)$, $g(x)$가 다음 조건을 만족시킨다.

> (가) $g(x)=x^3f(x)-7$
> (나) $\displaystyle\lim_{x\to2}\dfrac{f(x)-g(x)}{x-2}=2$

곡선 $y=g(x)$ 위의 점 $(2, g(2))$에서의 접선의 방정식이 $y=ax+b$일 때, a^2+b^2의 값을 구하시오.
(단, a, b는 상수이다.) 〔4점〕

답: 97

1) $f(x)=ax^n+bx^{n-1}+\cdots$ $g(x)=px^m+qx^{m-1}+\cdots$
{ 다항함수 ⇒ 연속, 이가, 적가

2) $+1)$
$g(x)=px^m+qx^{m-1}+\cdots=ax^{n+3}+bx^{n+2}+\cdots+cx^3-7$
$\therefore m=n+3$, $g(0)=-7$, $g'(0)=0$, $g''(0)=0$, $\cdots$

3) $+2)$
$\displaystyle\lim_{x\to2}\dfrac{f(x)-x^3f(x)+7}{x-2}=2$ → $h(x)=0$ $\Rightarrow -7f(2)+7=0$, $f(2)=1$

$\Rightarrow \displaystyle\lim_{x\to2}\dfrac{h(x)-h(2)}{x-2}=h'(2)=-12f(2)-7f'(2)=-12-7f'(2)=2$ $\therefore f'(2)=-2$

4) $+3)$
$y=g'(2)(x-2)+g(2)$

$g'(x)=3x^2f(x)+x^3f'(x)$ $\Rightarrow g'(2)=12\times1+8\times(-2)=-4$

$g(2)=8\times1-7=1$

$\therefore y=-4(x-2)+1=-4x+9 \Rightarrow a=-4$, $b=9$

$\therefore a^2+b^2=16+81=97$

(B형)

30. 실수 전체의 집합에서 연속인 함수 $f(x)$가 다음 조건을 만족시킨다.

> (가) $x \leq b$일 때, $f(x) = a(x-b)^2 + c$이다. (단, a, b, c는 상수이다.)
>
> (나) 모든 실수 x에 대하여 $f(x) = \displaystyle\int_0^x \sqrt{4-2f(t)}\,dt$이다.

$\displaystyle\int_0^6 f(x)dx = \dfrac{q}{p}$일 때, $p+q$의 값을 구하시오.

(단, p와 q는 서로소인 자연수이다.) 〔4점〕　　답 : 35

1) $f(x)$: 연속 $\Rightarrow$ 모든 실수 a에서 $\displaystyle\lim_{x \to a} f(x) = f(a)$.

2)(+1)

$a=0$ $f(x) \equiv C$ (상수함수)　$a>0$　$a<0$

$\displaystyle\lim_{x \to b-} f(x) = \lim_{x \to b+} f(x) = C$

3)(+2)

$\sqrt{4-2f(x)} \geq 0 \Rightarrow f(x) \leq 2$ ∴ $a \leq 0$ $c \leq 2$

$f(x) = \displaystyle\int_0^x \sqrt{4-2f(t)}\,dt$: (나), $f(0) = \displaystyle\int_0^0 \sqrt{4-2f(t)}\,dt = 0$, $f'(x) = \sqrt{4-2f(x)} \geq 0$: 증가

$\Rightarrow$ $a=0$ $f(x) \equiv C$ (상수함수)　$a<0$

∴ $f'(b) = 0$
$\begin{cases} f'(b) = \sqrt{4-2f(b)} = 0 \end{cases}$ ∴ $f(b) = c = 2$

$\Rightarrow$ $f(0) = 0$
$\begin{cases} f(b) = 2 \end{cases}$ 이므로 $a \neq 0$ ∴ $a < 0$
f가 증가하고 $f \leq 2$, $f(b) = 2$이고
$x > b$에서 $f(x) \equiv 2$

$\Rightarrow$ $a < 0$

∴ $f'(x) = 2a(x-b)$
$\sqrt{4-f(x)} = \sqrt{-2a(x-b)^2}$ $(x \leq b) \Rightarrow 2a(x-b) = \sqrt{-2a(x-b)^2}$
∴ $4a^2(x-b)^2 = -2a(x-b)^2$ ∴ $a = -\dfrac{1}{2}$
$f(x) = -\dfrac{1}{2}(x-b)^2 + 2$ $(x \leq b)$
$f(0) = -\dfrac{1}{2}b^2 + 2 = 0$ ∴ $b = 2 (>0)$ ∴ $f(x) = -\dfrac{1}{2}(x-2)^2 + 2$ $(x \leq 2)$

$\Rightarrow$ $a < 0$

4)(+3)
$\displaystyle\int_0^6 f(x)dx = \int_0^2 \left[-\dfrac{1}{2}(x-2)^2 + 2\right]dx + \int_2^6 2\,dx = \dfrac{8}{3} + 8 = \dfrac{32}{3}$

∴ $p = 3$, $q = 32$

∴ $p + q = 35$

수학 영역

제 2 교시

가 형   성명 ☐   수험 번호 ☐☐☐☐ — ☐☐☐☐

(A형)

21. 실수 t에 대하여 직선 $x = t$가 두 함수

$$y = x^4 - 4x^3 + 10x - 30, \quad y = 2x + 2$$

의 그래프와 만나는 점을 각각 A, B라 할 때, 점 A와 점 B 사이의 거리를 $f(t)$라 하자. [1)]

$$\lim_{h \to 0+} \frac{f(t+h) - f(t)}{h} \times \lim_{h \to 0-} \frac{f(t+h) - f(t)}{h} \leq 0$$ [3)]

을 만족시키는 모든 실수 t의 값의 합은? [4점]

① -7 ② -3 ③ 1 ④ 5 ⑤ 9

1)

$A(t, t^4 - 4t^3 + 10t - 30), \ B(t, 2t + 2)$

$y' = 4x^3 - 12x^2 + 10 = 2(2x^3 - 6x + 5)$

↳ 인수분해 힘듦 ⇒ 그래프 정확히 그리기 어려움

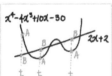
$x^4 - 4x^3 + 10x - 30$
$2x + 2$

2) +1)

$f(t) = |t^4 - 4t^3 + 10t - 30 - (2t + 2)| = |t^4 - 4t^3 + 8t - 32|$
$\quad\quad\quad\quad\quad\quad\quad\quad\quad\quad\quad g(t)$

$\Rightarrow f(t) = |(t+2)(t-4)(t^2 - 2t + 4)|$, $\ g'(t) = 4t^3 - 12t^2 + 8 = 4(t-1)(t^2 - 2t - 2)$

$\Rightarrow$

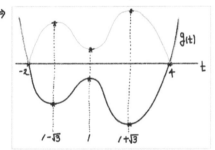

근의 공식 ⇒ $t = 1 \pm \sqrt{3}$

3) +2)

$\begin{cases} \displaystyle\lim_{h \to 0+} \frac{f(t+h) - f(t)}{h} = f'(t+) : f(x)\text{의 } x = t\text{의 오른쪽 접선 기울기} \\ \text{평균변화율의 우극한} \\ \displaystyle\lim_{h \to 0-} \frac{f(t+h) - f(t)}{h} = f'(t-) : f(x)\text{의 } x = t\text{의 왼쪽 접선 기울기} \\ \text{평균변화율의 좌극한} \end{cases}$

$\Rightarrow f'(t+) \times f'(t-) \leq 0$ ∴ $f'(t-), f'(t+)$ 중 적어도 하나는 0 또는 $f'(t-), f'(t+)$ 부호 다름

$\Rightarrow$

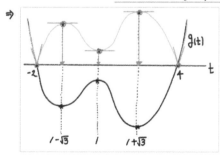

∴ $t = -2, 1 \pm \sqrt{3}, 1, 4$

[모든 t의 합] $= 5$

(B형)

21. 함수 $f(x)$를

$$f(x) = \begin{cases} |\sin x| - \sin x & \left(-\dfrac{7}{2}\pi \leq x < 0\right) \\[2mm] \sin x - |\sin x| & \left(0 \leq x \leq \dfrac{7}{2}\pi\right) \end{cases}$$ [1)]

라 하자. 닫힌 구간 $\left[-\dfrac{7}{2}\pi, \dfrac{7}{2}\pi\right]$에 속하는 모든 실수 x에 대하여 $\displaystyle\int_a^x f(t)\,dt \geq 0$이 되도록 하는 실수 a의 최솟값을 α, [2)]

최댓값을 β라 할 때, $\beta - \alpha$의 값은? (단, $-\dfrac{7}{2}\pi \leq \alpha \leq \dfrac{7}{2}\pi$)

[4점]

① $\dfrac{\pi}{2}$ ② $\dfrac{3}{2}\pi$ ③ $\dfrac{5}{2}\pi$ ④ $\dfrac{7}{2}\pi$ ⑤ $\dfrac{9}{2}\pi$

1)

$|\sin x| \Rightarrow \begin{cases} \sin x \geq 0 & |\sin x| = \sin x \\ \sin x < 0 & |\sin x| = -\sin x \end{cases}$ $\Rightarrow \begin{cases} \sin x \geq 0 & |\sin x| - \sin x = 0 \\ \sin x < 0 & |\sin x| - \sin x = -2\sin x \end{cases}$

∴ $f(x) = \begin{cases} 0 & (-\frac{7}{2}\pi \leq x \leq -3\pi, \ -2\pi \leq x \leq -\pi, \ 0 \leq x \leq \pi, \ 2\pi \leq x \leq 3\pi) \\ -2\sin x & (-3\pi < x < -2\pi, \ -\pi < x < 0) \\ 2\sin x & (0 < x < \pi, \ 2\pi < x < 3\pi) \end{cases}$

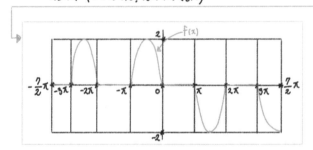

2) +1)

$\displaystyle\int_a^x f(t)\,dt$: x에 대한 '함수'

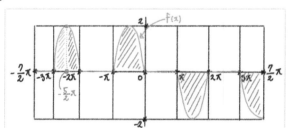

$a = -\dfrac{5}{2}\pi \Rightarrow \displaystyle\int_{-\frac{5}{2}\pi}^{\frac{7}{2}\pi} f(t)\,dt = 0$, $\ x < -\dfrac{5}{2}\pi$이면 $\displaystyle\int_{-\frac{5}{2}\pi}^{x} f(t)\,dt < 0$

∴ $a \leq -3\pi$

∴ $\alpha = -\dfrac{7}{2}\pi$, $\ \beta = -3\pi$ ∴ $\beta - \alpha = \dfrac{\pi}{2}$

2016학년도 대학수학능력시험 6월 모의평가 문제지

1

제 2 교시

수학 영역

가 형

성명   수험 번호 | | | | | | — | | | |

(A형)

21. 자연수 n에 대하여 최고차항의 계수가 1이고 다음 조건을 만족시키는 삼차함수 $f(x)$의 극댓값을 a_n이라 하자.

(가) $f(n) = 0$
(나) 모든 실수 x에 대하여 $(x+n)f(x) \geq 0$이다.

a_n이 자연수가 되도록 하는 n의 최솟값은? [4점]

① 1   ② 2   ③ 3   ④ 4   ⑤ 5

1)
$f(x) = x^3 + px^2 + qx + r$, 극댓값 존재
$\Rightarrow f'(x)$: 서로 다른 두 실근 존재. $D > 0$

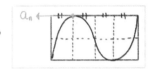

2) +1)
$f(x) = (x-n)(x^2 + ux + v) \Rightarrow$

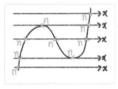

3) +2)
$(x+n)f(x) \geq 0 \Rightarrow (x+n)(x-n)(x^2+ux+v) \geq 0$ ∴ $-n < x < n$ $x^2 + ux + v < 0$
$\langle x < -n, n < x$ $x^2 + ux + v > 0$

$\Rightarrow x^2 + ux + v = (x-n)(x+n)$
∴ $f(x) = (x-n)^2(x+n)$

4) +3)

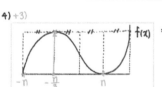

$\Rightarrow a_n = f(-\tfrac{n}{3}) = \tfrac{32}{27}n^3$: 자연수
∴ $n^3 = 27 \times k = 3^3 \times k$: 자연수
∴ $n = 3, \ 3 \times 2, \ 3 \times 3$.
∴ (n의 최솟값) = 3

(A형)

29. 실수 t에 대하여 직선 $y = t$가 곡선 $y = |x^2 - 2x|$와 만나는 점의 개수를 $f(t)$라 하자. 최고차항의 계수가 1인 이차함수 $g(t)$에 대하여 함수 $f(t)g(t)$가 모든 실수 t에서 연속일 때, $f(3) + g(3)$의 값을 구하시오. [4점]   답 : 8

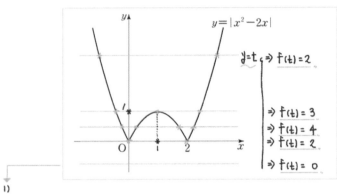

$y = t \Rightarrow f(t) = 2$
$\Rightarrow f(t) = 3$
$\Rightarrow f(t) = 4$
$\Rightarrow f(t) = 2$
$\Rightarrow f(t) = 0$

1)
$x^2 - 2x = (x-1)^2 - 1 \Rightarrow f(t) = $
$\begin{cases} 0 & (t < 0) \\ 2 & (t = 0) \\ 4 & (0 < t < 1) \\ 3 & (t = 1) \\ 2 & (t > 1) \end{cases}$

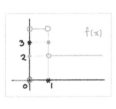

2) +1)
$g(x) = x^2 + ax + b$ 대칭성

3) +2)
$f(t) \times g(t)$: 연속 $\Rightarrow t = 0, 1$에서 연속 $\Rightarrow$

$\lim_{t \to 0^-} f(t)g(t) = \lim_{t \to 0^+} f(t)g(t) = f(0)g(0)$
∴ $0 \times g(0) = 3 \times g(0)$ ∴ $g(0) = 0$

$\lim_{t \to 1^-} f(t)g(t) = \lim_{t \to 1^+} f(t)g(t) = f(1)g(1)$
∴ $3 \times g(1) = 2 \times g(1)$ ∴ $g(1) = 0$
∴ $g(x) = x(x-1)$

4) +3) +1)
$f(3), g(3)$: $f(x), g(x)$ 식 구한 뒤 $x = 3$ 대입
∴ $f(3) = 2, \ g(3) = 3 \times 2 = 6$
∴ $f(3) + g(3) = 8$

1 / 2

114

일익일손

(A형)

30. 2 이상의 자연수 n에 대하여 다음 조건을 만족시키는 자연수 a, b의 모든 순서쌍 (a, b)의 개수가 300 이상이 되도록 하는 가장 작은 자연수 k의 값을 $f(n)$이라 할 때, $f(2) \times f(3) \times f(4)$의 값을 구하시오. 〔4점〕   답:120

> (가) $a < n^k$이면 $b \leq \log_n a$이다.
> (나) $a \geq n^k$이면 $b \leq -(a - n^k)^2 + k^2$이다.

1)
순서쌍 (a,b)의 개수 ⇒ (a의 개수)×(b의 개수) 또는 좌표 (a,b)의 개수

3) +2
$f(2), f(3), f(4)$ ⇒ $f(n)$ 식 구한 뒤 $n=2,3,4$ 대입.

4) +3 +1
$n=2$ $a<2^k$, $b \leq \log_2 a < k$: (a,b) 개수
⇒ $a=1$ b:없음(자연수) $a=2$ $b=1$ ⇒ $1\times2 + 2\times4 + 3\times8 + \cdots + (k-1)\times2^{k-1} = S_k$
   $a=3$ $b=1$ $a=4$ $b=1,2$
   $a=5$ $b=1,2\cdots$ $a=8$ $b=1,2,3$ $2S_k = 1\times2^2 + 2\times2^3 + 3\times2^4 + \cdots + (k-1)\times2^k$
   $a=2^k-1$ $b=1,2,\cdots,k-1$ $\therefore S_k - 2S_k = 1\times2 + 2^2 + 2^3 + 2^4 + \cdots + 2^{k-1} - (k-1)\times2^k$
                                       $\therefore S_k = (k-1)\times2^k - \frac{2(2^{k-1}-1)}{2-1}$

$n=3$ $a<3^k$, $b \leq \log_3 a < k$: (a,b) 개수
⇒ $a=1$ b:없음(자연수) $a=2$ b:없음 ⇒ $1\times(3^2-3) + 2\times(3^3-3^2) + \cdots + (k-1)\times(3^k-3^{k-1}) = S_k$
   $a=3$ $b=1$ $\cdots$ $a=9,3^2$ $b=1,2$ $3S_k = 1\times(3^3-3^2) + 2\times(3^4-3^3) + \cdots + (k-1)\times(3^{k+1}-3^k)$
   $a=10$ $b=1,2$ $a=27,3^3$ $b=1,2,3$ $\therefore S_k - 3S_k = 2\times3^2 + 2\times3^3 + 2\times3^3 + \cdots + 2\times3^{k-1}$
   $\cdots$ $-(k-1)(3^{k+1}-3^k)$
   $a=3^k-1$ $b=1,2,\cdots,k-1$ $\therefore S_k = (k-1)\times3^k - \frac{3(3^{k-1}-1)}{3-1}$

$\therefore a<n^k$, $b \leq \log_n a < k$: (a,b) 개수 $S_k = (k-1)\times n^k - \frac{n(n^{k-1}-1)}{n-1}$

5) +3 +1
$n=2$ $a\geq 2^k$, $b \leq -(a-2^k)^2 + k^2$: (a,b) 개수
⇒ $a=2^k$ $b=1,2,\cdots,k^2$ $a=2^k+1$ $b=1,2,\cdots,k^2-1$ ⇒ $S_k = k^2 + (k^2-1) + (k^2-2^2)$
   $a=2^k+2$ $b=1,2,\cdots,k^2-4$ $+ \cdots + k^2-(k-1)^2$
   $a=2^k+(k-1)$ $b=1,2,\cdots,k^2-(k-1)^2$ $= k\times k^2 - \sum_{t=1}^{k-1} t^2$
                                                                       $\therefore S_k = k^3 - \frac{(k-1)\times k \times (2k-1)}{6} = \frac{k(k+1)(4k-1)}{6}$

$n=3$ $a\geq 3^k$, $b \leq -(a-3^k)^2 + k^2$: (a,b) 개수
⇒ $a=3^k$ $b=1,2,\cdots,k^2$ $a=3^k+1$ $b=1,2,\cdots,k^2-1$ ⇒ $S_k = k^2 + (k^2-1) + (k^2-2^2)$
   $a=3^k+2$ $b=1,2,\cdots,k^2-4$ $+ \cdots + k^2-(k-1)^2$
   $a=3^k+(k-1)$ $b=1,2,\cdots,k^2-(k-1)^2$ $= k\times k^2 - \sum_{t=1}^{k-1} t^2$
                                                                       $\therefore S_k = k^3 - \frac{(k-1)\times k \times (2k-1)}{6} = \frac{k(k+1)(4k-1)}{6}$

$\therefore a\geq n^k$, $b \leq -(a-n^k)^2 + k^2$: (a,b) 개수 $S_k = \frac{k(k+1)(4k-1)}{6}$

$\therefore f(n) : (k-1)\times n^k - \frac{n(n^{k-1}-1)}{n-1} + \frac{k(k+1)(4k-1)}{6} \geq 300$

6) +5
$f(2) : 2^k(k-1) - (2^{k-1}-1)\times2 + \frac{k(k+1)(4k-1)}{6} \geq 300$
⇒ $k=5$일때 $193(<300)$, $k=6$일때 $419(>300)$
$\therefore f(2) = 6$
같은 방식으로 구하면 $f(3)=5$, $f(4)=4$

$\therefore f(2) \times f(3) \times f(4) = 120$

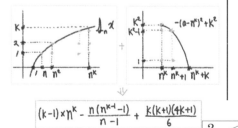

$$(k-1)\times n^k - \frac{n(n^{k-1}-1)}{n-1} + \frac{k(k+1)(4k+1)}{6}$$

2 / 2

(B형)

18. 좌표평면 위의 두 곡선 $y = |9^x - 3|$과 $y = 2^{x+k}$이 만나는 서로 다른 두 점의 x좌표를 x_1, x_2 $(x_1 < x_2)$라 할 때, $x_1 < 0$, $0 < x_2 < 2$를 만족시키는 모든 자연수 k의 값의 합은? 〔4점〕

① 8 ② 9 ③ 10 ④ 11 ⑤ 12

1)
지수함수 ⇒ '점근선'에 유의

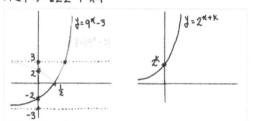

2) +1

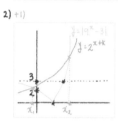

3) +2

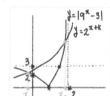

⇒ $x_1 < 0$ 이기 위해서 $|9^0 - 3| < 2^{0+k}$ $\therefore k > 1$

$0 < x_2 < 2$ 이기 위해서 $|9^2 - 3| > 2^{x_2+k}$ $\therefore k+2 < \log_2 78$ $\therefore k < \log_2 \frac{39}{2} = 4.\times\times\times$

$\therefore 1 < k < 4.\times\times\times$
$k = 2, 3, 4$
$\therefore$ (모든 k의 합) = 9

가　　형　　성명 [　　　] 수험 번호 [　｜　｜　｜　｜　─　｜　｜　]

(A형)

21. 다음 조건을 만족시키는 모든 삼차함수 $f(x)$에 대하여 $f(2)$의 최솟값은? [4점]

(가) $f(x)$의 최고차항의 계수는 1이다.

(나) $f(0) = f'(0)$

(다) $x \geq -1$인 모든 실수 x에 대하여 $f(x) \geq f'(x)$이다.

① 28　　② 33　　③ 38　　④ 43　　⑤ 48

1)
$f(x) = ax^3 + bx^2 + cx + d$

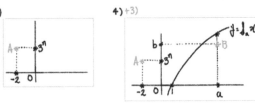

:점 대칭

2)
$f(2)$: $f(x)$의 식을 구하고 $x=2$ 대입.

3) +1)
$f(x) = x^3 + bx^2 + cx + d$

:증가. 점 대칭

4) +3)
$f(0) - f'(0) = 0 \Rightarrow f(x) - f'(x) = 0$ 에 근 ∴ $\alpha = 0$
$\Rightarrow f(x) - f'(x) = x^3 + (b-3)x^2 + (c-2b)x + (d-c)$ 이므로 $d=c$

$\quad f(x) - f'(x) = x(x^2 + (b-3)x + (c-2b))$

5) +4) +2)
$x \geq -1$ 에서 $f(x) - f'(x) \geq 0 \Rightarrow$

$\Rightarrow f-f' = x^2(x-\alpha) \ (\alpha \leq -1)$

∴ $f(x) - f'(x) = x^3 + (b-3)x^2 + (c-2b)x = x^3 - \alpha x^2 \ (\alpha \leq -1)$ ∴ $c = 2b$, $b = 3 - \alpha$

∴ $f(x) = x^3 + (3-\alpha)x^2 + 2(3-\alpha)x + 2(3-\alpha) \ (\alpha \leq -1)$

$\Rightarrow f(2) = 8 + 12 - 4\alpha + 12 - 4\alpha + 6 - 2\alpha = 38 - 10\alpha \geq 48$

∴ $\boxed{f(2)\text{의 최솟값} = 48}$

(A형)

30. 좌표평면에서 자연수 n에 대하여 다음 조건을 만족시키는 삼각형 OAB의 개수를 $f(n)$이라 할 때, $f(1) + f(2) + f(3)$의 값을 구하시오. (단 O는 원점이다.)

(가) 점 A의 좌표는 $(-2, 3^n)$이다.

(나) 점 B의 좌표를 (a, b)라 할 때, a와 b는 자연수이고 $b \leq \log_2 a$를 만족시킨다.

(다) 삼각형 OAB의 넓이는 50 이하이다.

답 : 120

2)
$f(1), f(2), f(3)$: $f(n)$ 식을 구하고 $n=1, 2, 3$ 대입.

3)

4) +3)
$\Rightarrow a \geq 2$

5) +4) +2)

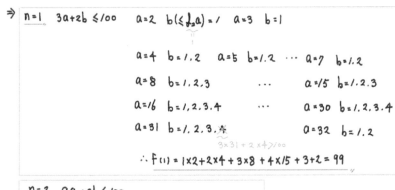

$\Rightarrow S = \frac{1}{2} \times (a+2) \times (3^n + b) - \frac{1}{2} \times 2 \times 3^n - \frac{1}{2} \times a \times b$

$S = \frac{1}{2}(3^n \times a + 2b) \leq 50$

∴ $3^n \times a + 2b \leq 100$

$\Rightarrow$ $n=1$　$3a + 2b \leq 100$　　$a=2$　$b(\leq \log_2 a) = 1$　$a=3$　$b=1$

$a=4$　$b=1,2$　$a=5$　$b=1,2$　⋯　$a=7$　$b=1,2$

$a=8$　$b=1,2,3$　　⋯　　$a=15$　$b=1,2,3$

$a=16$　$b=1,2,3,4$　⋯　　$a=30$　$b=1,2,3,4$

$a=31$　$b=1,2,3,4$　　　　　　　　$a=32$　$b=1,2$

$3 \times 31 + 2 \times 4 \geq 100$

∴ $f(1) = 1 \times 2 + 2 \times 4 + 3 \times 8 + 4 \times 15 + 3 + 2 = 99$

$n=2$　$9a + 2b \leq 100$　　⋯ 같은 방법으로

$n=3$　$27a + 2b \leq 100$

∴ $f(2) = 19$　$f(3) = 2$

∴ $\boxed{f(1) + f(2) + f(3) = 120}$

(B형)

21. 자연수 n에 대하여 다음 조건을 만족시키는 가장 작은 자연수 m을 a_n이라 할 때, $\displaystyle\sum_{n=1}^{10} a_n$의 값은? 〔4점〕

> (가) 점 A의 좌표는 $(2^n, 0)$이다.
> (나) 두 점 $B(1, 0)$과 $C(2^m, m)$을 지나는 직선 위의 점 중 x좌표가 2^n인 점을 D라 할 때, 삼각형 ABD의 넓이는 $\dfrac{m}{2}$보다 작거나 같다.

① 109 　② 111 　③ 113 　④ 115 　⑤ 117

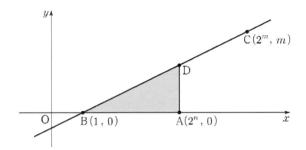

1)

a_n : 등차, 등비, 부분수열 …

　　　　　$n=1$ $a_1=\square$, $n=2$ $a_2=\square$, … 대입

2)

$\displaystyle\sum_{n=1}^{10} a_n$: a_n = 다항식, 등비수열 식 → 수열의 합 공식 부분분수 → 소거

　　　　　$a_1, a_2, \cdots a_{10}$ 직접 구하기 → 직접 계산

3)

그래프 주어짐.

4)

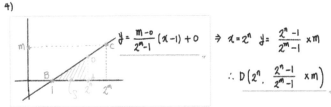

$y = \dfrac{m-0}{2^m-1}(x-1)+0$ → $x=2^n$ $y = \dfrac{2^n-1}{2^m-1} \times m$

$\therefore D\left(2^n, \dfrac{2^n-1}{2^m-1} \times m\right)$

5) +4) +2)

$S = \dfrac{1}{2} \times (2^n-1) \times \dfrac{2^n-1}{2^m-1} \times m \le \dfrac{m}{2}$ ⇒ $(2^n-1)^2 \le 2^m-1$

$n=1$ → $1 \le 2^m-1$ $m=1, 2, \cdots$ $\therefore a_1 = 1$

$n=2$ ⇒ $3^2 \le 2^m-1$ $m=4, 5, \cdots$ $\therefore a_2 = 4$

$n=3$ ⇒ $7^2 \le 2^m-1$ $m=6, 7, \cdots$ $\therefore a_3 = 6$

$\vdots$

$\therefore a_1 = 1, a_2 = 4, a_3 = 6, a_4 = 8, a_5 = 10$

　$a_6 = 12, a_7 = 14, a_8 = 16, a_9 = 18, a_{10} = 20$

$\therefore \displaystyle\sum_{n=1}^{10} a_n = 109$

2／2

수학 영역

가 형   성명 ☐   수험 번호 ☐☐☐☐ — ☐☐☐☐

(A형)

21. 최고차항의 계수가 1인 다항함수 $f(x)$가 다음 조건을 만족시킬 때, $f(3)$의 값은? [4점]

(가) $f(0) = -3$

(나) 모든 양의 실수 x에 대하여 $6x - 6 \leq f(x) \leq 2x^3 - 2$이다.
---

   ① 36   ② 38   ③ 40   ④ 42   ⑤ 44

1)
$f(x) = x^n + ax^{n-1} + bx^{n-2} + \cdots + k$

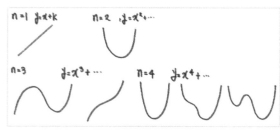

3) +1)
$f(0) = k = -3$ 상수항

$f(x) = x^n + ax^{n-1} + bx^{n-2} + \cdots -3$

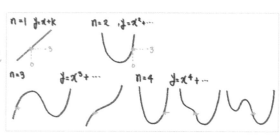

4) +2)
$6x - 6 \leq x^n + ax^{n-1} + bx^{n-2} + \cdots -3 \leq 2x^3 - 2$

$6(x-1)$ $2(x-1)(x^2+x+1)$

$\Rightarrow 1 \leq n \leq 3$

$x=1$ $0 \leq f(1) \leq 0$ $\therefore f(1) = 0$

$\Rightarrow f(x) = (x-1)(x^{n-1} + \cdots + 3)$

$\therefore 6(x-1) \leq (x-1)(x^{n-1} + \cdots + 3) \leq 2(x-1)(x^2+x+1)$

$\Rightarrow x > 1$ $6 \leq \frac{f(x)}{x-1} \leq 2(x^2+x+1)$

$x \to 1+$ $6 \leq \lim_{x \to 1+} \frac{f(x)}{x-1} \leq 6$ $\therefore f'(1) = 6$

$x < 1$일때 어찌거나 $f'(1) = 6$ $\therefore f'(1) = 6$

$n=1$ $f(x) = x - 3$ $\Rightarrow f(1) = -2 \neq 0$ ✗

$n=2$ $f(x) = x^2 + ax - 3$ $\Rightarrow f(1) = a - 2 = 0$, $a=2$
$f'(1) = 2 + a = 4 \neq 6$ ✗

$n=3$ $f(x) = x^3 + ax^2 + bx - 3$ $\Rightarrow f(1) = a + b - 2 = 0$
$\{f'(1) = 3 + 2a + b = 6$
$\therefore a = b = 1$
$\therefore f(x) = x^3 + x^2 + x - 3$

$\therefore f(3) = 27 + 9 + 3 - 3 = 36$

(A형)

30. 다음 조건을 만족시키는 두 자연수 a, b의 모두 순서쌍 (a, b)의 개수를 구하시오. [4점]

(가) $1 \leq a \leq 10$, $1 \leq b \leq 100$

(나) 곡선 $y = 2^x$이 원 $(x-a)^2 + (y-b)^2 = 1$과 만나지 않는다.

(다) 곡선 $y = 2^x$이 원 $(x-a)^2 + (y-b)^2 = 4$와 적어도 한 점에서 만난다.

답 : 196

생략

日益日損

(A형)

20. $0 < a < 1 < b$인 두 실수 a, b에 대하여 두 함수

$$f(x) = \log_a(bx-1), \quad g(x) = \log_b(ax-1)$$

이 있다. 곡선 $y=f(x)$와 x축의 교점이 곡선 $y=g(x)$의 점근선 위에 있도록 하는 a와 b 사이의 관계식과 a의 범위를 옳게 나타낸 것은? 〔4점〕

① $b=-2a+2$ $(0<a<\frac{1}{2})$

② $b=2a$ $(0<a<\frac{1}{2})$

③ $b=2a$ $(\frac{1}{2}<a<1)$

④ $b=2a+1$ $(0<a<\frac{1}{2})$

⑤ $b=2a+1$ $(\frac{1}{2}<a<1)$

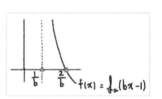
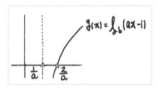

(A형)

21. 최고차항의 계수가 1인 두 삼차함수 $f(x)$, $g(x)$가 다음 조건을 만족시킨다.

(가) $g(1)=0$

(나) $\displaystyle\lim_{x\to n}\frac{f(x)}{g(x)}=(n-1)(n-2)$ $(n=1,2,3,4)$

$g(5)$의 값은? 〔4점〕

① 4   ② 6   ③ 8   ④ 10   ⑤ 12

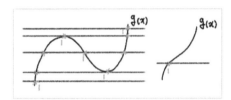

(B형)

30. 실수 전체의 집합에서 미분가능한 함수 $f(x)$가 다음 조건을 만족시킨다.

> (가) 모든 실수 x에 대하여 $1 \le f'(x) \le 3$이다.
>
> (나) 모든 정수 n에 대하여 함수 $y=f(x)$의 그래프는 점 $(4n, 8n)$, 점 $(4n+1, 8n+2)$, 점 $(4n+2, 8n+5)$, 점 $(4n+3, 8n+7)$을 모두 지난다.
>
> (다) 모든 정수 k에 대하여 닫힌 구간 $[2k, 2k+1]$에서 함수 $y=f(x)$의 그래프는 각각 이차함수의 그래프의 일부이다.

$\displaystyle\int_3^6 f(x)dx = a$라 할 때, $6a$의 값을 구하시오. 〔4점〕 답: 167

1) 임의의 실수 k에 대하여 $\displaystyle\lim_{x \to k} \frac{f(x)-f(k)}{x-k}$ 존재. 그래프에 첨점 없음.

2) $f'(x)$: x에서 접선의 기울기. $\Rightarrow$ $1 \le$ 접선의 기울기 ≤ 3

3) (+2)(+1)

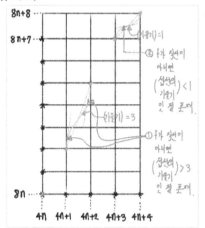

$\Rightarrow$ ① $(4n+1, 8n+2) \sim (4n+2, 8n+5)$ 를 잇는 선분의 기울기가 3이고 f의 접선의 최대 기울기가 3이므로 f는 $[4n+1, 4n+2]$에서 기울기 3인 직선.

② $(4n+3, 8n+7) \sim (4n+4, 8n+8)$ 를 잇는 선분의 기울기가 1이고 f의 접선의 최소 기울기가 1이므로 f는 $[4n+3, 4n+4]$에서 기울기 1인 직선.

4)(+3)(+1)

$[4n, 4n+1]$ f : $(4n, 8n)$, $(4n+1, 8n+2)$를 지나고 $f'(4n)=1$, $f'(4n+1)=3$ 인 이차함수.

$\Rightarrow f(x) = ux^2 + vx + w$라 할 때

$\begin{cases} 8n = 16n^2 u + 4nv + w \\ 8n+2 = u(4n+1)^2 + v(4n+1) + w \\ 1 = 8nu + v \\ 3 = 2u(4n+1) + v \end{cases}$ $\Rightarrow 2 = 8un + u + v \Rightarrow u=1, v = 1-8n$

$\therefore u=1, v=1-8n, w=16n^2+4n$

$f(x) = x^2 + (1-8n)x + 16n^2 + 4n$

$[4n+2, 4n+3]$ f : $(4n+2, 8n+5)$, $(4n+3, 8n+7)$를 지나고 $f'(4n+2)=3$, $f'(4n+3)=1$인 이차함수.

$\Rightarrow f(x) = px^2 + qx + r$라 할 때

$\begin{cases} 8n+5 = p(4n+2)^2 + q(4n+2) + r \\ 8n+7 = p(4n+3)^2 + q(4n+3) + r \\ 3 = 2p(4n+2) + q \\ 1 = 2p(4n+3) + q \end{cases}$ $\Rightarrow 8pn + 5p + q = 2$ $\Rightarrow p=-1, q=8n+7$

$\therefore p=-1, q=8n+7, r = -16n^2 - 10n - 5$

$f(x) = -x^2 + (8n+7)x - 16n^2 - 10n - 5$

5)(+4)(+3)

$[3, 4]$에서 $f(x) = x$

$[4, 5]$에서 $f(x) = x^2 - 7x + 20$

$[5, 6]$에서 $f(x) = 3x - 5$

$\Rightarrow \displaystyle\int_3^6 f(x)dx = \frac{7+8}{2} + \left[\frac{1}{3}x^3 - \frac{7}{2}x^2 + 20x\right]_4^5 + \frac{10+13}{2} = 19 + \frac{53}{6}$

$\therefore \boxed{6a = 167}$

2 / 2

(A형)

21. 좌표평면에서 삼차함수 $f(x) = x^3 + ax^2 + bx$와 실수 t에 대하여 곡선 $y = f(x)$ 위의 점 $(t, f(t))$에서의 접선이 y축과 만나는 점을 P 라 할 때, 원점에서 점 P 까지의 거리를 $g(t)$라 하자. 함수 $f(x)$와 함수 $g(t)$는 다음 조건을 만족시킨다.

(가) $f(1) = 2$
(나) 함수 $g(t)$는 실수 전체의 집합에서 미분가능하다.

$f(3)$의 값은? (단, a, b는 상수이다.) 〔4점〕

① 21　　② 24　　③ 27　　④ 30　　⑤ 33

1)
$f(0) = 0.\ f(x) = x(x^2 + ax + b) \Rightarrow$

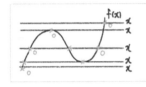

2) +1)
$f'(x) = 3x^2 + 2ax + b$
접선: $y = f'(t)(x - t) + f(t) = (3t^2 + 2at + b)x - 2t^3 - at^2$

3) +2)
$P: x = 0.\ y = -2t^3 - at^2 \Rightarrow$
$\therefore P(0, -2t^3 - at^2)$

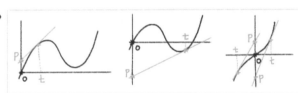

4) +3)
$g(t) = |-2t^3 - at^2|$
$\quad = |t^2(2t + a)|$
$\Rightarrow$

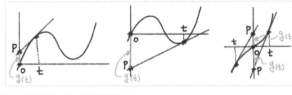

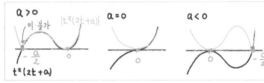
$a > 0$ 　　$a = 0$ 　　$a < 0$
미분가
$t^2(2t + a)$

5) +1)
$f(1) = 1 + a + b = 2 \Rightarrow a + b = 1$

6) +5) +4)
$a = 0.\ b = 1$

7) +6)
$f(3): f(x)$의 식을 구하고 $x = 3$ 대입
$\therefore f(x) = x^3 + x$
$\therefore f(3) = 27 + 3 = 30$

(A형)

30. 좌표평면에서 $a > 1$인 자연수 a에 대하여 두 곡선 $y = 4^x$, $y = a^{-x+4}$과 직선 $y = 1$로 둘러싸인 영역의 내부 또는 그 경계에 포함되고 x좌표와 y좌표가 모두 정수인 점의 개수가 20 이상 40 이하가 되도록 하는 a의 개수를 구하시오. 〔4점〕

답: 15

1)

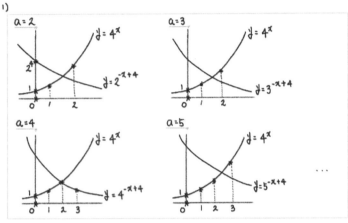

2) +1)

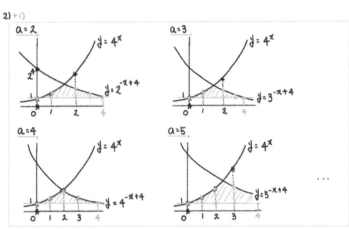

3) +2)
$a = 2 \Rightarrow 4^0 + 4^1 + 2^1 + 2^1 + 2^0 = 12$　$a = 3 \Rightarrow 4^0 + 4^1 + 3^2 + 3^1 + 3^0 = 18$
$a = 4 \Rightarrow 4^0 + 4^1 + 4^2 + 4^1 + 4^0 = 26$　$a = 5 \Rightarrow 4^0 + 4^1 + 4^2 + 5^1 + 5^0 = 27$
$a = 6 \Rightarrow 4^0 + 4^1 + 4^2 + 6^1 + 6^0 = 28$　…
$a = 18 \Rightarrow 4^0 + 4^1 + 4^2 + 18^1 + 18^0 = 40$

$\therefore a = 4.5.6.\ \cdots\ .18$
$\therefore$ 15개

1 / 1

성명 [ ]   수험 번호 [| | | | | — | | |]

(A형)

21. 사차함수 $f(x)$의 도함수 $f'(x)$가

$$f'(x) = (x+1)(x^2+ax+b)$$

이다. 함수 $y=f(x)$가 구간 $(-\infty, 0)$에서 감소하고 구간 $(2, \infty)$에서 증가하도록 하는 실수 a, b의 순서쌍 (a,b)에 대하여 a^2+b^2의 최댓값을 M, 최솟값을 m이라 하자. $M+m$의 값은? 〔4점〕

① $\frac{21}{4}$ ② $\frac{43}{8}$ ③ $\frac{11}{2}$ ④ $\frac{45}{8}$ ⑤ $\frac{23}{4}$

1)
$f'(-1)=0 \Rightarrow$

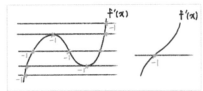

2) +1)
$f'(x) : x<0$ 일 때 $\ominus$, $2<x$ 일 때 $\oplus$

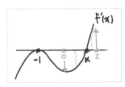

$\therefore f'(x) = (x+1)^2(x-\alpha)$ $(0 \le \alpha \le 2)$

3) +2)
$f'(x) = (x+1)(x^2+(1-\alpha)x - \alpha)$ $(0 \le \alpha \le 2)$
$\Rightarrow a = 1-\alpha$ $b = -\alpha$
$\therefore a^2+b^2 = 2\alpha^2 - 2\alpha + 1 = 2(\alpha-\frac{1}{2})^2 + \frac{1}{2}$ $(0 \le \alpha \le 2)$ $\Rightarrow$

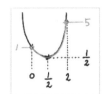

$\therefore M=5$ $m=\frac{1}{2}$

$\therefore M+m = \frac{11}{2}$

(A형)

30. 자연수 n에 대하여 부등식 $4^k - (2^n+4^n)2^k + 8^n \le 1$을 만족시키는 모든 자연수 k의 합을 a_n이라 하자.

$\sum_{n=1}^{20} \frac{1}{a_n} = \frac{q}{p}$일 때, $p+q$의 값을 구하시오. (단, p와 q는 서로소인 자연수이다.) 〔4점〕

답 : 103

1)
$4^k = (2^k)^2$, $4^n = (2^n)^2$, $8^n = (2^n)^3 \Rightarrow t^2 - (2^n+(2^n)^2)t + (2^n)^3 \le 1$
$\Rightarrow t^2 - (2^n+(2^n)^2)t + (2^n)^3 - 1 \le 0$
$\Rightarrow t^2 - (2^n+(2^n)^2)t + (2^n-1)((2^n)^2+2^n+1) \le 0$

$\therefore (t-2^n)(t-(2^n)^2) \le 1$
$(2^k - 2^n)(2^k - 2^{2n}) \le 1$

—인수분해 잘 안 됨

2) +1)
$n=1$ $(2^k-2)(2^k-2^2) \le 1$ $k=1,2$ $\Rightarrow a_1=1+2$
$n=2$ $(2^k-2^2)(2^k-2^4) \le 1$ $k=2,3,4$ $a_2=2+3+4$
$n=3$ $(2^k-2^3)(2^k-2^6) \le 1$ $k=3,4,5,6$ $\Rightarrow a_3=3+4+5+6$
$\vdots$

$\therefore (2^k-2^n)(2^k-2^{2n}) \le 1$ $k=n, n+1, \cdots, 2n \Rightarrow a_n = n+(n+1)+\cdots+2n$

$a_n = \frac{(n+1) \times 3n}{2}$

$k>n$ 이면 $2^k - 2^n = 2^n(2^{k-n}-1) \ge 2^n > 1$
$k<n$ 이면 $2^k - 2^n = 2^k(1-2^{n-k}) \le -2^k < -1$

3) +2)
$\sum_{n=1}^{20} \frac{1}{a_n} = \frac{2}{3}(\frac{1}{1} - \frac{1}{2} + \frac{1}{2} - \frac{1}{3} + \cdots + \frac{1}{20} - \frac{1}{21}) = \frac{2}{3} \times \frac{20}{21}$

$\therefore \sum_{n=1}^{20} \frac{1}{a_n} = \frac{40}{63} = \frac{q}{p}$

$\therefore p+q = 103$

(A형)

20. 그림과 같이 함수 $y=2^x$의 그래프 위의 한 점 A를 지나고 x축에 평행한 직선이 함수 $y=15\cdot2^{-x}$의 그래프와 만나는 점을 B라 하자. 점 A의 x좌표를 a라 할 때, $1<\overline{AB}<100$을 만족시키는 2 이상의 자연수 a의 개수는? [4점]

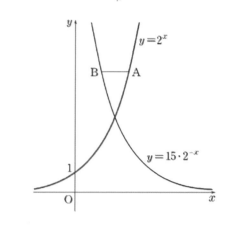

① 40   ② 43   ③ 46   ④ 49   ⑤ 52

1)
x축에 평행한 직선: $y=k \Rightarrow A(\log_2 k, k)$, $B(-\log_2\frac{k}{15}, k) = (\log_2 15 - \log_2 k, k)$

2) (+1)
$\log_2 k = a \Rightarrow k = 2^a$. $A(a, 2^a)$. $B(\log_2 15 - a, 2^a)$

3) (+2)
$\overline{AB} = |\log_2 15 - 2a| \Rightarrow$
$2a < \log_2 15$. $1 < \log_2 15 - 2a < 100$ ∴ $\frac{\log_2 15 - 100}{2} < a < \frac{\log_2 15 - 1}{2}$
$2a > \log_2 15$. $1 < 2a - \log_2 15 < 100$ ∴ $\frac{1 + \log_2 15}{2} < a < \frac{100 + \log_2 15}{2}$

4) (+3)
$a \geqq 2 \Rightarrow \frac{1 + \log_2 15}{2} < a < \frac{100 + \log_2 15}{2}$

∴ $2.xx < a < 51.xx$

∴ $a = 3, 4, \cdots 51$

∴ 49개

(A형)

21. 함수
$$f(x) = \begin{cases} a(3x-x^3) & (x<0) \\ x^3-ax & (x\geq0) \end{cases}$$

의 극댓값이 5일 때, $f(2)$의 값은? (단, a는 상수이다.) [4점]

① 5   ② 7   ③ 9   ④ 11   ⑤ 13

1)
f: 실수 주어짐.
$\begin{cases} (a(3x-x^3))' = a(3-3x^2) = -3a(x-1)(x+1) \\ (x^3-ax)' = 3x^2 - a = 3(x^2 - \frac{a}{3}) \end{cases}$

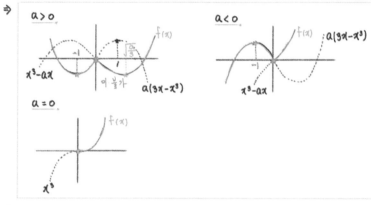

2) (+1)
(극댓값) $= 5 \Rightarrow$ (극대 존재) + (값 = 5)
$a>0, a<0$ $a<0. f(-1)=5$ $\Rightarrow f(-1) = a(-3+1) = 5$
∴ $a = -\frac{5}{2}$

3) (+2)
$f(x)$: $f(x)$ 실수 구하고 $x=2$ 대입.
∴ $f(x) = \begin{cases} -\frac{5}{2}(3x-x^3) & (x<0) \\ x^3 + \frac{5}{2}x & (x\geq0) \end{cases}$

∴ $f(2) = 8 + 5 = 13$

제 2 교시

수학 영역

가 형

성명 [　　　　]　　수험 번호 [　|　|　|　|　|　|　—|　|　|　]

(가형)

19. 삼차함수 $f(x)$는 $f(0) > 0$을 만족시킨다. 함수 $g(x)$를

$$g(x) = \left| \int_0^x f(t)\,dt \right|$$

라 할 때, 함수 $y = g(x)$의 그래프가 그림과 같다.

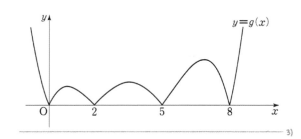

〈보기〉에서 옳은 것만을 있는 대로 고른 것은? 〔4점〕

── 〈 보 기 〉 ──

ㄱ. 방정식 $f(x) = 0$은 서로 다른 3개의 실근을 갖는다.

ㄴ. $f'(0) < 0$

ㄷ. $\int_m^{m+2} f(x)\,dx > 0$을 만족시키는 자연수 m의 개수는 3이다.

① ㄴ　　② ㄷ　　③ ㄱ, ㄴ
④ ㄱ, ㄷ　　⑤ ㄱ, ㄴ, ㄷ

1)
$f(x) = ax^3 + bx^2 + cx + d$
$\Rightarrow f(0) = d > 0$

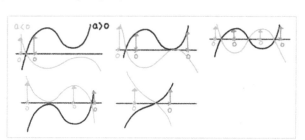

2)+1)
$g(x) = \left| \int_0^x f(t)\,dt \right| \Rightarrow \int_0^x f(t)\,dt \geq 0 : g(x) = \int_0^x f(t)\,dt$
$\int_0^x f(t)\,dt < 0 : g(x) = -\int_0^x f(t)\,dt$

$g(0) = \left| \int_0^0 f(t)\,dt \right| = |0| = 0$

$F(x)$: 함수. 4차함수

$f(0) = 0$이므로 $x > 0$일 때 잠동안 $\int_0^x f(t)\,dt > 0$, 증가

$\therefore F(x) : F(0) = 0$ 이고 $x = 0$에서 증가하는 4차함수를 $\Rightarrow x = 0$일 때 잠동안 $g(x) = F(x)$

3)+2)
$\Rightarrow F(x) = \int_0^x f(t)\,dt = \frac{a}{4} x(x-2)(x-5)(x-8) = \frac{a}{4}(x^4 - 15x^3 + 66x^2 - 80x) \ (a < 0)$

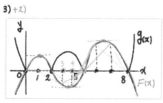

ㄱ.　ㄴ.　ㄷ.
4)+3)　5)+3)　6)+3)
$F'(x) = f(x) = 0.\ f'(0) = \frac{a}{4} \times 66 < 0\ F(m+2) - F(m) > 0\ m = 3, 4, 5$
ㄱ. (참)　ㄴ. (참)　ㄷ. (참)

(가형)

27. 자연수 n에 대하여 좌표평면 위의 점 P_n을 다음 규칙에 따라 정한다.

(가) 세 점 P_1, P_2, P_3의 좌표는 각각 $(-1, 0)$, $(1, 0)$, $(-1, 2)$이다.

(나) 선분 $P_n P_{n+1}$의 중점과 선분 $P_{n+2} P_{n+3}$의 중점은 같다.

예를 들어 점 P_4의 좌표는 $(1, -2)$이다. 점 P_{25}의 좌표가 (a, b)일 때, $a+b$의 값을 구하시오. 〔4점〕　답 : 23

1) P_n : 좌표평면 위의 점 $\Rightarrow$ 그래프 그리기

2)+1)

3)+2)

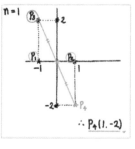

$n=1$　$\therefore P_4(1, -2)$
$n=2$　$\therefore P_5(-1, 4)$
$n=3$　$\therefore P_6(1, -4)$

$P_n(x_n, y_n)$
$\Rightarrow x_1 = -1,\ x_2 = 1,\ x_3 = -1$
$y_1 = 0,\ y_2 = 0,\ y_3 = 2$

$\begin{cases} \dfrac{x_n + x_{n+1}}{2} = \dfrac{x_{n+2} + x_{n+3}}{2} \\ \dfrac{y_n + y_{n+1}}{2} = \dfrac{y_{n+2} + y_{n+3}}{2} \end{cases}$ $\Rightarrow \begin{cases} x_{n+3} = x_n + x_{n+1} - x_{n+2} \\ y_{n+3} = y_n + y_{n+1} - y_{n+2} \end{cases}$

$\therefore x_n : -1,\ 1,\ -1,\ 1,\ -1,\ 1,\ -1,\ 1,\ -1 \cdots$
$y_n : 0,\ 0,\ 2,\ -2,\ 4,\ -4,\ 6,\ -6, 8, -8 \cdots$

4)+3)
$P_{25} = (-1, 24)$

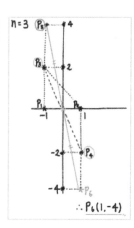

(가형)

30. 좌표평면에서 자연수 n에 대하여 영역

$$\{(x, y) | 2^x - n \le y \le \log_2(x+n)\}$$

에 속하는 점 중 다음 조건을 만족시키는 점의 개수를 a_n이라 하자.[1]

> (가) x좌표와 y좌표는 서로 같다.[2]
> (나) x좌표와 y좌표는 모두 정수이다.[3]

예를 들어, $a_1 = 2$, $a_2 = 4$이다. $\displaystyle\sum_{n=1}^{30} a_n$의 값을 구하시오. [4점]
[4]

1)

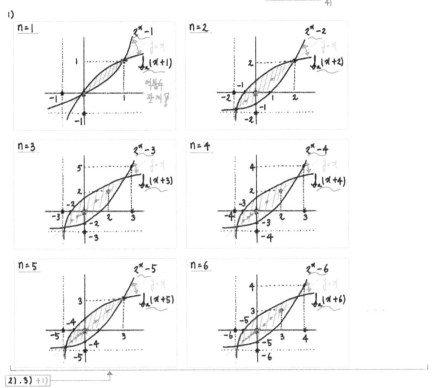

2),3) +1)

4) +3) +2)

$a_1 = 2$ $a_2 = 4$ $a_3 = 5$ $a_4 = 6$ $a_5 = 8$ $a_6 = 9 \cdots$

⟶ $2^1 - 1 = 1$ 이므로 $2^x - 1 = x$ $x = 1$ 에서 교점 ⟹ $a_1 = ① + 1$

$2^x - 2 = 2$이므로 $2^x - 2 = x$ $x = 2$ "

$2^x - 5 = 3$이므로 $2^x - 5 = x$ $x = 3$ "

$2^4 - 12 = 4$이므로 $2^x - 12 = x$ $x = 4$ "

$2^5 - 27 = 5$이므로 $2^x - 27 = x$ $x = 5$ "

$a_2 = 2 + 2$ $a_3 = 2 + 3$ $a_4 = 2 + 4$

$a_5 = 3 + 5$ $a_6 = 3 + 6$ $a_7 = 3 + 7 \cdots a_n = ③ + 11$

$a_{12} = 4 + 12$ $a_{13} = 4 + 13$ $\cdots$ $a_{26} = 4 + 26$

$a_{29} = 5 + 27$ $a_{28} = 5 + 28$ $\cdots$ $a_{30} = 5 + 30$

$$\therefore \sum_{n=1}^{30} a_n = 1 + 2 \times 3 + 3 \times 7 + 4 \times 15 + 5 \times 4 + \frac{30 \times 31}{2}$$

$$\therefore \sum_{n=1}^{30} a_n = 573$$

수학 영역

제 2 교시

가　형

성명　　　　　　수험 번호 □□□□□ — □□□□□

(가형)

30. 좌표평면에서 다음 조건을 만족시키는 정사각형 중 두 함수 $y = \log 3x$, $y = \log 7x$의 그래프와 모두 만나는 것의 개수를 구하시오.

> (가) 꼭짓점의 x좌표, y좌표가 모두 자연수이고 한 변의 길이가 1이다.
>
> (나) 꼭짓점의 x좌표는 모두 100 이하이다.

답 : 79

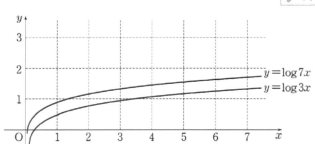

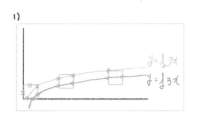 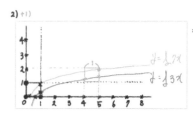

⇒ x축 또는 y축 위의 정사각형은 제외

3) +2)
Case 1.

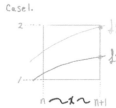
$n \sim x \sim n+1$

$7x \Rightarrow 10 \le 7x \le 100$　$\frac{10}{7} \le x \le \frac{100}{7}$　1. xx ≤ x ≤ 14. xxx
$3x \Rightarrow 10 \le 3x \le 100$　$\frac{10}{3} \le x \le \frac{100}{3}$　3. xxx ≤ x ≤ 33. xxx

∴ 3. xx ≤ n ≤ 14. xx　∴ 3 ≤ n ≤ 14

Case 2.

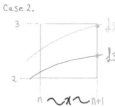
$n \sim x \sim n+1$

$7x \Rightarrow 100 \le 7x \le 1000$　$\frac{100}{7} \le x \le \frac{1000}{7}$　14. xx ≤ x ≤ 142. xx
$3x \Rightarrow 100 \le 3x \le 1000$　$\frac{100}{3} \le x \le \frac{1000}{3}$　33. xx ≤ x ≤ 333. xx

∴ 33 ≤ n ≤ 142. xx
∴ 33 ≤ n ≤ 99

∴ n : 3. 4. ⋯ 14. 33. ⋯ 99

∴ 79 개

(나형)

19. 닫힌 구간 $[0, 2]$에서 정의된 함수

$$f(x) = ax(x-2)^2 \quad \left(a > \frac{1}{2}\right)$$

에 대하여 곡선 $y = f(x)$와 직선 $y = x$의 교점 중 원점 O가 아닌 점을 A라 하자. 점 P가 원점으로부터 점 A까지 곡선 $y = f(x)$ 위를 움직일 때, 삼각형 OAP의 넓이가 최대가 되는 점 P의 x좌표가 $\frac{1}{2}$이다. 상수 a의 값은? 〔4점〕

① $\frac{5}{4}$　② $\frac{4}{3}$　③ $\frac{17}{12}$　④ $\frac{3}{2}$　⑤ $\frac{19}{12}$

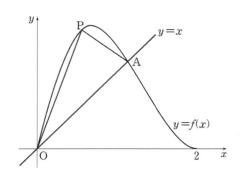

1)
식 · 그래프 모두 주어져 있음.

2) +1)
$ax(x-2)^2 = x \Rightarrow x = 0$ 또는 $x = 2 + \frac{1}{\sqrt{a}}$　∴ $A\left(2 + \frac{1}{\sqrt{a}}, 2 + \frac{1}{\sqrt{a}}\right)$

3) +2)

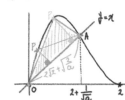

(삼각형 넓이) = $\frac{1}{2} \times$ 밑×높이
= $\frac{1}{2} \times$ 두변 길이 곱 × 사잇각

⇒ △OAP 넓이 = $\frac{1}{2} \times \overline{OA} \times$ 높이 =

∴ (△OAP 넓이 최대) ⇒ 높이 최대 일

4) +3)

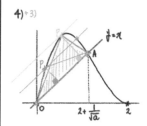

⇒ △OAP 넓이 = $\frac{1}{2} \times \overline{OA} \times$ 높이　$\frac{\sqrt{2}}{2}\left(2 + \frac{1}{\sqrt{a}}\right) \times h$

∴ (△OAP 넓이 최대) ⇒ 높이 최대 일
⇒ $P : (P, f(P))$ 에서 접선이 $y = x$와 평행
⇒ $f'(P) = a(P-2)^2 + 2aP(P-2) = 1$

∴ $P = \frac{1}{2}$　$a \times \frac{9}{4} + a \times \left(-\frac{3}{2}\right) = 1$

∴ $a = \frac{4}{3}$

일익일손

(나형)

21. 좌표평면에서 두 함수

$$f(x) = 6x^3 - x, \quad g(x) = |x - a|$$

의 그래프가 서로 다른 두 점에서 만나도록 하는 모든 실수 a의 값의 합은? [4점]

① $-\dfrac{11}{18}$ ② $-\dfrac{5}{9}$ ③ $-\dfrac{1}{2}$ ④ $-\dfrac{4}{9}$ ⑤ $-\dfrac{7}{18}$

1)
$f(x) = x(6x^2 - 1) = x(\sqrt{6}x - 1)(\sqrt{6}x + 1)$
$f'(x) = 18x^2 - 1 = (3\sqrt{2}x - 1)(3\sqrt{2}x + 1)$

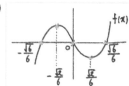

2)
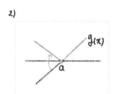

3)
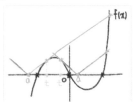

$\Rightarrow \begin{cases} y = x - a \ (a < 0) \\ y = -x + a \ (a > 0) \end{cases}$: $f(x)$의 접선

$\Rightarrow \begin{cases} f'(t) = 18t^2 - 1 = 1 &\therefore t^2 = \frac{1}{9}, \ t = -\frac{1}{3} \ (< 0) \\ \qquad\qquad y = (x + \frac{1}{3}) + f(-\frac{1}{3}) = x + \frac{4}{9} &\therefore a = -\frac{4}{9} \\ f'(t) = 18t^2 - 1 = -1 &\therefore t^2 = 0, \ t = 0 \\ \qquad\qquad y = -(x - 0) + f(0) = -x &\therefore a = 0 \end{cases}$

$\therefore$ (모든 a의 합) $= -\dfrac{4}{9}$

(나형)

29. 그림과 같이 곡선 $y = x^2$과 양수 t에 대하여 세 점 $O(0,0)$, $A(t, 0)$, $B(t, t^2)$을 지나는 원 C가 있다. 원 C의 내부와 부등식 $y \le x^2$이 나타내는 영역의 공통부분의 넓이를 $S(t)$라 할 때, $S'(1) = \dfrac{p\pi + q}{4}$이다. $p^2 + q^2$의 값을 구하시오. (단, p, q는 정수이다.) [4점]

답: 13

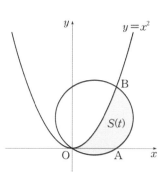

1)
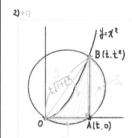

2) (+1)
$\Rightarrow S = S_1 + S_2 + S_3$
$S_1 = \int_0^t x^2 dx = \frac{1}{3}t^3$
$S_2 + S_3 = \frac{1}{2}\pi\left(\frac{\sqrt{1 + t^2}}{2}\right)^2 - \frac{1}{2} \cdot t \cdot t^2 = \frac{1}{2}\left(\frac{\pi}{4}t^2(1 + t^2) - t^3\right)$
$\therefore S = \frac{\pi}{8}t^2(1 + t^2) - \frac{1}{2}t^3$

3) (+2)
$S' = \frac{\pi}{8}\{2t(1 + t^2) + t^2 \cdot 2t\} - \frac{1}{2}t^2$

$\therefore S'(1) = \frac{\pi}{4}(2 + 1) - \frac{1}{2} = \frac{3\pi - 2}{4}$

$\therefore p = 3, \ q = -2$

$\therefore \boxed{p^2 + q^2 = 13}$

日益日損

(가형)

16. 양의 실수 전체의 집합에서 증가하는 함수 $f(x)$가 $x=1$에서 미분가능하다. 1보다 큰 모든 실수 a에 대하여 점 $(1, f(1))$과 점 $(a, f(a))$ 사이의 거리가 a^2-1일 때, $f'(1)$의 값은? [4점]

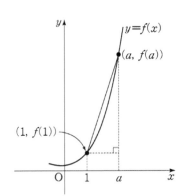

① 1 　　② $\dfrac{\sqrt{5}}{2}$ 　　③ $\dfrac{\sqrt{6}}{2}$

④ $\sqrt{2}$ 　　⑤ $\sqrt{3}$

1)
$p<q \Rightarrow f(p)<f(q)$　$(+미 \cdot 가 \Rightarrow f'(x)>0)$

2) +1)
$f'(1)>0 \Rightarrow \lim\limits_{x\to1} \dfrac{f(x)-f(1)}{x-1}$

3) +2)
$(a-1)^2 + (f(a)-f(1))^2 = (a^2-1)^2 \Rightarrow 1 + \left(\dfrac{f(a)-f(1)}{a-1}\right)^2 = \left(\dfrac{a^2-1}{a-1}\right)^2 = (a+1)^2$

4) +3)
$\lim\limits_{a\to1}\left[1 + \left(\dfrac{f(a)-f(1)}{a-1}\right)^2\right] = \lim\limits_{a\to1}(a+1)^2$

∴ $1 + \{f'(1)\}^2 = 4$

∴ $f'(1) = \sqrt{3}\ (>0)$

(가형)

21. 함수 $f(x)=x^3-3x^2-9x-1$과 실수 m에 대하여 함수 $g(x)$를

$$g(x)= \begin{cases} f(x) & (f(x) \geq mx) \\ mx & (f(x) < mx) \end{cases}$$

라 하자. $g(x)$가 실수 전체의 집합에서 미분가능할 때, m의 값은? [4점]

① -14 　　② -12 　　③ -10 　　④ -8 　　⑤ -6

1)
$f(x):$ 인수분해 힘듦
$f'(x) = 3x^2 - 6x - 9 = 3(x+1)(x-3)$

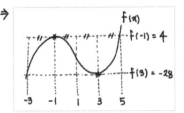

2) +1)

3) +2)
$m = f'(1) = 3-6-9 = -12$

(가형)

28. 수열 $\{a_n\}$에서 $a_1=2$이고, $n \geq 1$일 때, a_{n+1}은

$$\frac{1}{n+2} < \frac{a_n}{k} < \frac{1}{n}$$

을 만족시키는 자연수 k의 개수이다. a_{10}의 값을 구하시오.

〔4점〕

답 : 513

1)
수열 : 등차. 등비. 부분수열
$\left\langle \begin{array}{l} n=1 \Rightarrow a_1 = \square, \; n=2 \Rightarrow a_2 = \square \; \cdots \text{ 대입} \end{array} \right.$

2) +1)

$\frac{1}{(n+2)a_n} < \frac{1}{k} < \frac{1}{na_n} \Rightarrow na_n < k < (n+2)a_n$

$n=1$ $1\times2 < k < 3\times2 \Rightarrow k=3.4.5$ $a_2 = 3$

$n=2$ $2\times3 < k < 4\times3 \Rightarrow k=7.8.9.10.11$ $a_3 = 5$

$n=3$ $3\times5 < k < 5\times5 \Rightarrow k=16.17.\cdots.24$ $a_4 = 9$

$\vdots$

$\therefore a_{n+1} = 2a_n - 1 \; (n \geq 1) \quad a_1 = 2$

$K = na_n + 1, \; na_n + 2, \cdots (n+2)a_n - 1$

$\therefore a_5 = 17 \quad a_6 = 33 \quad a_7 = 65 \quad a_8 = 129 \quad a_9 = 257$

$\therefore \boxed{a_{10} = 513}$

(가형)

30. 3보다 큰 자연수 n에 대하여 $f(n)$을 다음 조건을 만족시키는 가장 작은 자연수 a라 하자.

> (가) $a \geq 3$
> (나) 두 점 $(2,0)$, $(a, \log_n a)$를 지나는 직선의 기울기는 $\frac{1}{2}$보다 작거나 같다.

예를 들어 $f(5)=4$이다. $\sum_{n=4}^{30} f(n)$의 값을 구하시오. 〔4점〕

답 : 86

2)
$a : 3. 4. 5. 6. \cdots$

3) +2)

$\frac{\log_n a - 0}{a - 2} \leq \frac{1}{2} \Rightarrow 2\log_n a \leq a-2 \quad \therefore a^2 \leq n^{a-2}$

$n=4$ $a^2 \leq 4^{a-2}$ $a = 4. 5. 6. \cdots$ $f(4)=4$

$n=5$ $a^2 \leq 5^{a-2}$ $a = 4. 5. 6. \cdots$ $f(5)=4$

$n=6$ $a^2 \leq 6^{a-2}$ $a = 4. 5. 6. \cdots$ $f(6)=4$

$\vdots$

$4^2 \leq n^{4-2} \Rightarrow 4 \leq n$ 이고

$3^2 \leq n^{3-2} \Rightarrow 9 \leq n$ 이므로 $f(4)=f(5)=f(6)=f(7)=f(8)=4$ $f(9)=3 \cdots$

$2^2 > n^{2-2} = 1$ 이므로 $f(n)=2, 1$인 n은 존재하지 않는다.

$\Rightarrow f(9)=f(10)=\cdots=3$

4) +3)

$\therefore \sum_{n=4}^{30} f(n) = 4\times5 + 3\times22 = 86$

(나형)

17. 곡선 $y = x^3 - 5x$ 위의 점 $A(1, -4)$에서의 접선이 점 A가 아닌 점 B에서 곡선과 만난다. 선분 AB의 길이는? [4점]

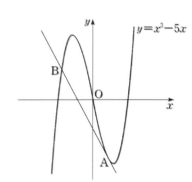

① $\sqrt{30}$ ② $\sqrt{35}$ ③ $2\sqrt{10}$

④ $3\sqrt{5}$ ⑤ $5\sqrt{2}$

1)
$f(x) = x^3 - 5x \Rightarrow y = f'(1)(x-1) + f(1) = -2(x-1) - 4$
$\therefore y = -2x - 2$

2) +1)
$x^3 - 5x = -2x - 2 \Rightarrow x^3 - 3x + 2 = (x-1)^2(x+2)$
$\therefore B(-2, f(-2))$
$\therefore B(-2, 2)$

3) +2)

$\therefore \overline{AB} = \sqrt{3^2 + 6^2} = \sqrt{45} = 3\sqrt{5}$

(나형)

29. 방정식

$$4^x + 4^{-x} + a(2^x - 2^{-x}) + 7 = 0$$

이 실근을 갖기 위한 양수 a의 최솟값을 m이라 할 때, m^2의 값을 구하시오. [4점]

답: 36

1)
$4^x + 4^{-x} = 2^{2x} + 2^{-2x} = (2^x)^2 + (2^{-x})^2$
$\Rightarrow 4^x + 4^{-x} = (2^x - 2^{-x})^2 + 2 \times 2^x \times 2^{-x}$
$\Rightarrow 4^x + 4^{-x} + a \times (2^x - 2^{-x}) + 7$

t

$= t^2 + 2 + at + 7$
$= t^2 + at + 9 = 0 \ (t: 실수 전체)$

$\begin{cases} x \to \infty & 2^x - 2^{-x} \to \infty \\ x \to -\infty & 2^x - 2^{-x} \to -\infty \end{cases}$

2) +1)
$t^2 + at + 9 = 0. \quad D = a^2 - 36 \geqslant 0$
$\therefore a \geqslant 6 \ (양수)$
$\therefore m = 6$
$\therefore m^2 = 36$